W0041202

Hund und Mensch

Bevor ich meine Ausbildung zur Hundetrainerin machte, arbeitete ich lange im Fernsehbereich als Cutterin. Durch meinen Hund Linus kam ich dann über Umwege zum gewaltfreien Hundetraining, absolvierte meine Ausbildung bei »animal learn« und arbeitete eine ganze Zeit lang in beiden Berufen: unter der Woche als Cutterin und am Wochenende als Hundetrainerin. 2016 wagte ich den Schritt, ließ die Fernsehbranche hinter mir und war nur noch für die Hunde da.

Umso mehr freute es mich, als ich 2018 die Chance erhielt, meine Art des Hundetrainings bei »Wir in Bayern« vorzustellen. Meine beiden Leidenschaften – Hunde und Fernsehen – waren wieder vereint.

Ein Resultat aus der Zusammenarbeit mit »Wir in Bayern« halten Sie jetzt in Ihren Händen. Dieses Buch soll Ihnen als Lösung einiger typischer Probleme im Hundealltag dienen und Ihnen zeigen, wie Sie Ihr Leben gemeinsam mit Ihrem Hund entspannt meistern können.

Sie können dieses Buch von vorne nach hinten, von hinten nach vorne oder wie auch immer Sie wollen lesen. Es ist so aufgebaut, dass Sie ganz bequem zu »Ihrem« Problem blättern können. Einige wenige Kapitel bauen aufeinander auf, hier finden Sie jeweils einen Verweis auf das Kapitel, welches Sie noch brauchen, um mit dem Training starten zu können.

Ein fairer und freundlicher Umgang mit unseren Hunden liegt mir sehr am Herzen, denn sie haben es verdient, mit Respekt behandelt zu werden. Ich hoffe sehr, dass dieses Buch Ihnen Anregungen gibt und Möglichkeiten zeigt, einen guten Weg gemeinsam mit Ihrem Hund zu finden.

Ihre
Anja Petrick

HUNDE FAIR TRAINIEREN MIT
ANJA PETRICK

Wir sind ein Team

INHALT

»Wir sind ein Team«

Über Zuwachs freut sich jede Familie! So war auch in der Redaktion der BR-Sendung »Wir in Bayern« die Freude groß, als wir 2018 die Hundetrainerin Anja Petrick als Verstärkung unseres Teams gewinnen konnten.

Seitdem sind einige Jahre und Sendungen vergangen und wir merkten: Anja und uns gehen die Themen nicht aus und wir werden nicht müde, uns von ihr die Welt der Hunde erklären zu lassen.

Zum Glück sehen das unsere Zuschauerinnen und Zuschauer so wie wir, denn die positiven Zuschriften und Nachfragen zu Anja und ihrem Thema »Alles rund um den besten Freund des Menschen« reißen bis heute nicht ab.
Nach all dieser Zeit wuchs bei uns der Wunsch, das in unzähligen Sendungen gesammelte Wissen zu bündeln – warum nicht ein Buch schreiben?

Sicher, der Hunderatgeber-Markt ist überfüllt und umkämpft, doch wir stellten fest: Ein Buch wie das von Anja gibt es noch nicht, denn sie bringt neben ihrem fachkundigen Wissen auch eine eigene Philosophie mit: das Prinzip des gewaltfreien Trainings.

Was sich wie selbstverständlich anhört, ist es leider nicht. Bis heute werden in zahlreichen Hundeschulen und Haushalten Methoden praktiziert, die zwar funktionieren, aber nicht ohne physische oder verbale Gewalt auskommen.
Dass Anja einen neuen Weg geht, hat uns bei »Wir in Bayern« von der ersten Sendung an begeistert und bereichert. Und wir wollen diesen Weg weiterhin gemeinsam gehen.

Maximilian Bildhauer,
Redaktion »Wir in Bayern«

DIE GUTE BASIS

Grundlagen schaffen – Fair trainieren

Das richtige Abrufen trainieren

Zielsetzung: Sie rufen Ihren Hund und dieser kommt sofort freudig zu Ihnen gerannt.

Ausgangssituation:

Sie rufen und rufen, Ihr Hund aber tut alles Mögliche. Am nächsten Zweig schnüffeln. Weiter in der Wiese buddeln. Mit dem besten Freund spielen. Sich in etwas undefinierbarem, aber extrem Ekligen wälzen. Nur zurückkommen, das tut er nicht. Wenn Sie ganz viel Glück haben, wendet er vielleicht einmal kurz den Kopf zu Ihnen, widmet sich dann aber lieber weiter den Mäuselöchern.

Das ist im besten Fall etwas ärgerlich, im schlimmsten Fall gefährlich, wenn Ihr Hund Richtung Straße rennt oder mit einem Hund spielen möchte, der lieber Löcher in seinen Pelz macht, als mit ihm über die Wiesen zu fetzen.

Das richtige Abrufen trainieren

Kommando: Eigentlich ist es egal, mit welchem Kommando man seinen Hund ruft, wichtig ist aber, dass man ihn nicht nur beim Namen ruft, sondern ihm immer sagt, was er tun soll. Außerdem sollte es ein Kommando sein, das man nicht so häufig im alltäglichen Sprachgebrauch hat. »Komm« und »Hier« z. B. sagt man

mit der Hund überhaupt die Chance hat, zu verstehen, was ich von ihm möchte.

Körpersprache: Ein Handzeichen zusätzlich zum Hörzeichen ist für Hunde sehr hilfreich, da sie sehr auf unsere Körpersprache achten. Für das »Schau mal her« verwende ich eine zur Seite gehaltene Hand.

Häufigkeit der Belohnung:

Zu Beginn des Trainings bekommt der Hund immer eine Belohnung, wenn er dem Abruf gefolgt ist. Wenn er acht von zehn Mal sicher kommt, geben Sie nicht mehr jedes Mal etwas. Das aber bitte nach Zufallsprinzip, denn Hunde verstehen ganz schnell, wenn es nur noch jedes zweite Mal etwas gibt ... Nach und nach gibt es immer seltener ein Leckerchen.

Meine Hunde bekommen ihr Leben lang ab und zu eine Belohnung, wenn sie etwas gut gemacht haben. Ich sehe das als Lohn für Arbeit an.

Wenn ich merke, dass ein Kommando nicht mehr gut funktioniert, arbeite ich vorübergehend wieder öfter mit Leckerchen.

Wenn Sie fair trainieren und Ihrem Hund genügend Zeit zum Lernen geben, schafft dies die Grundlage einer guten und vertrauensvollen Bindung.

öfter mal, außerdem rufen viele diese Kommandos schnell in einem schärferen Ton. »Schau mal her« ist weicher, freundlicher und spezifischer.

Umgebung: Wichtig ist zu Beginn des Trainings eine reizarme Umgebung, da-

Trainingsablauf:

▶ Freundlich das Kommando rufen, gleichzeitig Handzeichen geben
▶ Gleich beim ersten Schritt in Ihre Richtung loben, bis er bei Ihnen angekommen ist
▶ Gutes Leckerchen geben
▶ Schafft der Hund diesen Ablauf gut, können Sie langsam die Ablenkung steigern und generalisieren, also in einer anderen Umgebung trainieren, in der z. B. auch mal ein Spaziergänger, Radler oder ein anderer Hund vorbeikommt …

Geben Sie Ihr Rückruf-Kommando, halten Sie die Hand zur Seite und loben Sie Ihren Hund schon ab dem Moment, in dem er den ersten Schritt zu Ihnen macht. Sobald er angekommen ist, bekommt er sofort das Leckerchen.

Art der Belohnung:

Wichtig ist, dass die Belohnung, auch das Leckerchen immer etwas richtig Gutes ist. Das Trockenfutter, das der Hund normalerweise sowieso bekommt, ist eher langweilig.

Probieren Sie ruhig Verschiedenes aus: Fleischwurst, Käse, es gibt Hunde die lieben Karotten oder Gurken. Wenn Ihr Hund keine Leckerchen mag, versuchen Sie herauszufinden, was Ihren Hund motiviert: Reicht stimmliches Lob? Macht mein Hund etwas besonders gerne, z. B. Schwimmen oder Buddeln? Dann ermöglichen Sie es ihm nach gut durchgeführtem Kommando.

Auf einen Blick

Check:
Ist der Hund gesund und körperlich in der Lage, mein Kommando zu hören und auszuführen?
Aufbau des Kommandos:
▶ Geringe Ablenkung
▶ Freundlich das Kommando geben mit Hör- und Sichtzeichen
▶ Loben, sobald der Hund den ersten Schritt auf Sie zu macht
▶ Immer zu Beginn sehr gutes Leckerchen geben
▶ Ablenkung langsam steigern
▶ Generalisieren

Warum reagiert Ihr Hund so?

Das kann verschiedene Gründe haben. Einer der häufigsten ist, dass Ihr Hund den Abruf schlicht und ergreifend noch nicht sicher gelernt hat.

Hunde brauchen (wie wir Menschen auch) sehr viele Wiederholungen, bis ein Verhalten abrufbar ist, ohne dass sie drüber nachdenken müssen. Erinnern Sie sich, wie es war, als Sie Autofahren gelernt haben? Am Anfang haben Sie sich oft verschaltet, jedes Mal schalten hieß: runter vom Gas, Kupplung treten, Schalthebel in die richtige Position bringen, runter von der Kupplung, Gas geben. Je mehr auf der Straße los war, und je mehr man selbst unter Stress stand, desto schwieriger wurde es. Wenn Sie nun schon ein paar Jahre Auto fahren, haben Sie entsprechend viel Übung und müssen gar nicht mehr darüber nachdenken, welche einzelnen Schritte zum Schalten notwendig sind.

Von unseren Hunden aber verlangen wir viel zu häufig, dass sie nach nur wenigen Übungen ihre Signale perfekt beherrschen sollen und das am besten auch unter jeglicher Ablenkung.

Dies bedeutet, dass ein guter Abruf vor allem eins braucht: viele Wiederholungen unter verschiedenen Bedingungen. Wie genau Sie ein Kommando sicher und richtig aufbauen, erkläre ich Ihnen etwas später im Kapitel.

Denn neben den vielen Wiederholungen hängt es von weiteren Faktoren ab, ob Ihr Hund das Kommando ausführen kann.

Mein Rüde Linus ist mit 15 Jahren fast in einen Fluss gestürzt, aus dem ich ihn nicht so leicht hätte retten können. Danach ging er nur noch an der 5 Meter Leine, da alles andere einfach zu gefährlich war.

Alter des Hundes

Junghunde: Als Welpe hat alles super geklappt, Ihr Hund hat perfekt gehört. Mit ca. 4,5 Monaten kommt dann der erste Einbruch, Ihr Welpe wird zum Junghund und Sie haben den Eindruck, dass er noch nicht mal mehr seinen eigenen Namen kennt. Willkommen in der Pubertät! Die schlechte Nachricht: Das dauert ein bisschen, je nach Hund werden Sie jetzt ein ziemliches Auf und Ab erleben.

Die gute Nachricht: Das geht vorbei! Setzen Sie Ihre Ansprüche nach unten und an den Tagen, an denen Ihr Hund noch nicht mal mehr weiß, wie er heißt, bleibt er an der Leine. Wenn Sie in dieser Phase mit viel Geduld dranbleiben und Ihrem Hund genauso wie sich selbst zugestehen, dass es gute und schlechte Tage gibt, dann werden Sie ein paar Monate später wieder den tollen Hund an Ihrer Seite haben, den Sie sich erträumt haben.

Alte Hunde: Wenn Sie einen Senior an Ihrer Seite haben und der Abruf funktioniert nicht mehr wie früher, kann es sein, dass Ihr Hund schlecht hört. Ist dies der Fall, dann sollten Sie vorausschauender spazieren gehen, um Ihren Hund zur Not rechtzeitig anleinen zu können.

Außerdem kann im Alter ein gewisser Altersstarrsinn dazukommen oder auch Demenz. Unterschätzen Sie dies bitte nicht und sichern Sie Ihren alten Hund an Stellen, die für ihn gefährlich werden könnten.

Mein alter Rüde Linus ist mit 15 Jahren fast in einen Fluss gestürzt, aus dem ich ihn nicht so leicht hätte retten können. Er ist einfach losgelaufen, hat mich nicht mehr gehört und war der Meinung, dass er jetzt unbedingt am Flussufer schnüffeln muss. Danach ging er nur noch an der 5-Meter-Leine, da alles andere zu gefährlich war.

Meiner Meinung nach ist kein Hund weniger toll oder perfekt, nur weil er ein Kommando nicht (mehr) beherrscht. Oft hilft hier, einen Schritt von den eigenen Ansprüchen zurückzutreten und den Hund genauso anzunehmen, wie er jetzt gerade ist. Man selbst ärgert sich nicht so viel, es ist viel weniger Druck im Training und unsere Hunde danken es uns!

Gesundheit

Schmerzen: Wenn ein Hund nicht gesund ist, kann sich dies auch darauf auswirken, ob er Kommandos ausführen kann oder nicht.

Wenn Schmerzen vorhanden sind, ist die Konzentrationsfähigkeit deutlich geringer. Außerdem kann es sein, dass Ihr Hund versucht, sich zu schonen, und genau überlegt, ob er noch einmal zu Ihnen zurückläuft oder doch lieber einfach wartet, bis Sie bei ihm angekommen sind.

Krankheit: Auch Hunde können krank sein. Ich möchte hier nicht auf die verschiedenen Krankheiten eingehen, die Hunde haben können, das würde ein ganzes Buch füllen. Aber wenn Sie den Eindruck haben, dass Ihr Hund unkonzentriert ist, manchmal etwas fahrig wirkt und generell nicht so fit ist, lassen Sie ihn beim Tierarzt durchchecken.

Es wurde mit Druck trainiert und der Hund meidet seinen Menschen

Als erstes möchte ich, dass Sie sich vorstellen, dass Ihr Partner/Ihre Partnerin nach Ihnen brüllt, Sie mögen sofort herkommen. Keine schöne Vorstellung, oder? Ich zumindest möchte, dass mir freundlich gesagt wird, wenn ich kommen soll.

Meine alte Hündin Pippa hat es gehasst, auf den Arm genommen zu werden. So etwas liegt mit Sicherheit auch daran, dass kleine Hunde häufig ohne Vorwarnung oder Rücksicht unter den Arm geklemmt werden.

Dann sollten Sie wissen, dass Hunde anders kommunizieren als wir.

Wenn Sie Ihren Hund mit Druck abrufen, passiert in der Regel Folgendes:

Sie rufen laut und tief das Kommando und gehen dabei mit dem Oberkörper etwas nach vorne.

Beim Hund kommen nun zwei verschiedene Signale an: Ihre Stimme und Körpersprache sagen ihm, dass Sie wütend sind und er am besten wegbleiben sollte. Das Kommando sagt ihm aber, dass er kommen soll.

Nachdem es unter Hunden unhöflich ist, sich jemandem zu nähern, der so deutlich macht, dass er keine Annäherung wünscht (tiefe, laute Stimme, Oberkörper nach vorne), er aber gelernt hat, dass das Kommando bedeutet »komm«, gerät er in einen Zwiespalt.

Dies zieht dann eine von zwei Verhaltensweisen nach sich:

Erstens: Ihr Hund fällt in eine Übersprungshandlung und kommt zwar in Ihre Nähe, »albert« dann aber vor Ihnen rum und lässt sich nicht einfangen. Dies ist häufig bei jüngeren Hunden der Fall.

Zweitens: Ihr Hund beginnt Sie zu beschwichtigen. Dies zeigt er, indem er seine Bewegungen verlangsamt und ganz intensiv an einem bestimmten Grashalm schnüffelt. Dabei behält er Sie mit einem Auge im Blick. Wenn Sie jetzt noch lauter und heftiger werden, kann es sein, dass Ihr Hund beschließt, dass Sie ihn noch nicht verstanden haben. Er dreht Ihnen den Rücken zu und zeigt damit eines der stärksten Beschwichtigungssignale.

In der Regel denken Sie als Mensch dann, dass Ihr Hund Ihnen nicht nur nicht folgt, sondern Ihnen auch noch den Hintern zudreht. Was für eine Unverschämtheit!

Hier entsteht also ein klares Kommunikationsmissverständnis. Daher finde ich es so enorm wichtig, dass Sie sich mit der Körpersprache von Hunden befassen. Hierzu gibt es gute Literatur und auch Onlinekurse.

Streicheln wurde als Belohnung eingesetzt

Viele Hunde finden das im »Arbeitsmodus« unangenehm. Achten Sie darauf: Wenn der Hund ausweicht, wenn Sie ihn streicheln möchten, mag er es nicht und Sie sollten es nicht als Belohnung einsetzen.

Das bedeutet ja nicht, dass Ihr Hund Sie nicht mag. Sondern einfach nur, dass er es in dieser speziellen Situation nicht mag. Wenn ich konzentriert am Arbeiten bin, mag ich es auch nicht besonders, wenn mein Partner mir genau dann über den Rücken streichelt.

Clickertraining

Zielsetzung: So lernt Ihr Hund sehr exakt, was er richtig macht.

Clicker – was ist das eigentlich?

Ein Clicker oder ein Markerwort kündigt dem Hund an: »Das, was du in dieser Sekunde tust, ist richtig und jetzt kommt deine Belohnung.« Somit ist dies eine hocheffektive Trainingsmethode.

Dafür benutzen Sie entweder einen Clicker oder Sie denken sich ein Markerwort aus. Der Clicker macht ein Geräusch wie ein Knackfrosch und ist somit sehr neutral. Markerwörter können z. B. »Click« oder »Top« sein.

Markerwort oder Clicker?

Ob Sie einen Clicker verwenden oder ein Markerwort, ist Ihnen überlassen. Für manche Menschen ist es leichter auf den Clicker zu drücken, für andere ist es praktischer ein Wort zu sagen.

Der Vorteil des Clickers ist, dass er ein sehr markantes, immer gleiches Geräusch macht, unabhängig von der Stimmung und Situation, in der Sie gerade sind. Das ist äußerst hilfreich, wenn Sie mit einem Hund trainieren, der hochsensibel ist und schnell auf die mögliche Anspannung seitens seines Halters reagiert. Sie können so mit dem Clicker den Hund loben, ohne über Ihre angespannte Stimme Druck auszüüben. Durch das eindeutige Geräusch kommen Sie auch schneller zu denjenigen Hunden durch, die wenig auf die Stimme ihres Menschen reagieren.

Auf der anderen Seite gibt es ängstliche Hunde, die das Knacken eines Clickers erschreckt oder ängstigt. Für solche Hunde ist ein Markerwort die bessere Lösung.

Für mich ist das Markerwort ideal, da ich im Gegensatz zum Clicker, den ich gerne einmal zu Hause vergesse, meine Stimme immer dabeihabe. Außerdem können Sie, sollten Sie mehrere Hunde haben, unterschiedliche Markerwörter für die verschiedenen Hunde einführen, so weiß immer jeder Hund, wer gemeint ist.

Festigen des Markers

Wenn Ihr Hund nun verstanden hat, dass auf das Markersignal etwas Leckeres folgt, können Sie anfangen den Marker zu festigen.

Das geht am einfachsten, wenn Sie von Ihrem Hund ein Signal verlangen, welches er schon richtig gut kann. Geben Sie Ihrem Hund z. B. das Signal »Schau mal her«. Sobald Ihr Hund bei Ihnen ist, sagen Sie Ihr Markersignal und reichen das Leckerchen. So lernt er, dass auf eine Aktion seinerseits der Marker folgt, der das Leckerchen ankündigt.

Sie können aber auch einen weiteren einfachen Trick mit Ihrem Hund auf-

Aufbau des Markerworts/ des Clickers:

Sie brauchen: gute Leckerchen und einen Clicker oder ein Markerwort wie z. B. »Click«, »Yep«, »Top« oder Ähnliches. Ein Markerwort sollte immer einsilbig sein und nicht in Ihrem allgemeinen Sprachgebrauch vorkommen.

Aufbau: Clicken Sie mit dem Clicker oder sagen Sie das Markerwort und geben Sie direkt danach Ihrem Hund ein Leckerchen. Wiederholen Sie dies 10 bis 20 Mal, danach machen Sie eine Pause. Wiederholen Sie das Ganze etwas später am Tag und noch einmal am nächsten Tag, dann hat Ihr Hund in der Regel verstanden, dass Clickern oder das Markerwort eine Belohnung ankündigen.

Wichtig: Erst Markern, dann belohnen! Halten Sie Ihrem Hund nicht gleichzeitig das Leckerchen hin oder zeigen es Ihrem Hund vorab.
Die richtige Reihenfolge ist: erst Marker/ Clicker und dann belohnen! Ansonsten kann es sein, dass er nur auf das Leckerchen fixiert ist und den Marker als Signal gar nicht wahrnimmt.

Außerdem sollten Sie darauf achten, Ihren Hund nicht im Sitz »festzuclickern«. Bauen Sie den Marker/Clicker auch auf, wenn Ihr Hund steht, liegt oder läuft. Ansonsten kann es passieren, dass Ihr Hund denkt, er müsse sich setzen, wenn Sie markern/clickern.

Falsch! Geben Sie das Leckerchen nicht gleichzeitig mit dem Click.

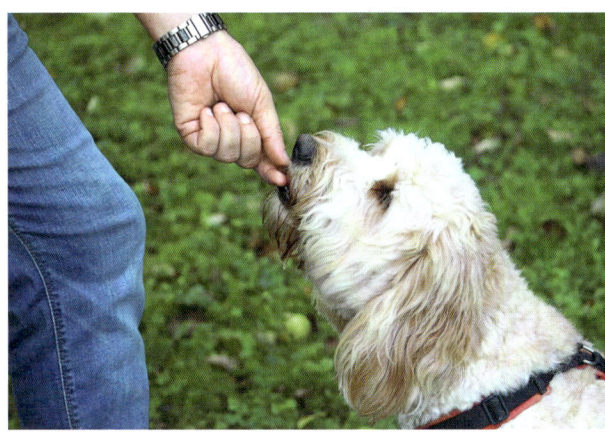

Richtig! Erst kommt der Click und darauf folgt das Leckerchen. So lernt Ihr Hund, dass der Click etwas Gutes ankündigt.

bauen. Ich nehme dafür sehr gerne den Handtouch, der auch sonst im Hund-Mensch-Verhältnis sinnvoll ist. Über den Handtouch können später weitere Tricks aufgebaut werden.

Ziel ist, dass Ihr Hund auf das Signal »Touch« mit seiner Nase Ihre Hand berührt. Dafür halten ihm einfach Ihre offene Hand hin. Die meisten Hunde sind sehr neugierig und schnüffeln daran. Genau in dem Moment, in dem die Hundenase Ihre Hand berührt, markern Sie und geben das Leckerchen am besten auf Höhe der hingehaltenen Hand.

Wenn Sie dies einige Male wiederholen, lernt Ihr Hund schnell, dass es sich lohnt, Ihre Hand anzustupsen. Außerdem verinnerlicht er, dass der Marker bedeutet, etwas richtig gemacht zu haben.

Wenn sich Ihr Hund nicht für Ihre Hand interessiert, können Sie zu Beginn auch ein Leckerchen zwischen Daumen und Zeigefinger klemmen. Sobald Ihr Hund sich dem Leckerchen nähert, markern Sie und geben das Leckerchen frei. Nach einigen Wiederholungen können Sie das Leckerchen in der Hand weglassen und wie oben beschrieben weitermachen.

Vielseitig einsetzbar

Clickertraining lässt sich sowohl für den Aufbau von Signalen als auch das Einüben von Tricks oder zum Trainieren bei Problemverhalten anwenden.

Letzten Endes ist es ein sehr effektives Werkzeug, wenn es darum geht, das Verhalten eines Hundes exakt und sicher zu trainieren.

Habe ich einen Hund, der andere Hunde verbellt, so kann ich genau den Moment markern, in dem der Hund noch ruhig

bleibt. Ihr Hund bekommt so ein sehr genaues Feedback, welches Verhalten sich lohnt und erwünscht ist. Vielleicht schafft er es schon beim nächsten Mal länger entspannt zu bleiben.

Oder ich markere einen Hund, bevor er mich anspringt. Also wenn er noch alle vier Pfoten am Boden hat. So lernt der Hund, dass es sich lohnt, »die Pfoten ruhig zu halten« und nicht unkontrolliert herumzuspringen.

Aber Vorsicht! Das Timing ist immer essentiell im Hundetraining, hier aber ist es besonders wichtig. Denn wenn Sie zu früh oder spät markern, verstärken Sie das unerwünschte Verhalten.

Wenn Sie Ihr Markerwort z.B. in dem Moment sagen, in dem Ihr Hund schon im Anspringen ist, verstärken Sie das Anspringen und nicht das am Boden Bleiben!

Die gute Nachricht ist, dass sich Timing üben lässt, auch ohne Hund. Dazu empfehle ich Ihnen zwei Dinge: Als erstes bitten Sie jemanden, einen Tennisball auf den Boden fallen zu lassen. Genau in dem Moment, in dem der Ball auf dem Boden aufkommt, markern Sie. Sie werden merken, dass es zunächst gar nicht so einfach ist, den richtigen Moment zu erwischen, aber mit etwas Übung bekommen Sie ein besseres Gefühl für Ihren Einsatz.

Außerdem können Sie sich selbst filmen. Oft sieht man im Film besser, wie gut das eigene Timing ist, und kann sich korrigieren.

Check:
Ist die Umgebung reizarm und kann sich Ihr Hund jetzt auf Sie konzentrieren?

Aufbau des Markersignals:
▶ Click/Marker = Leckerchen
▶ Erst der Click/Marker, dann die Belohnung
▶ Festigen durch Üben mit funktionierenden Signalen (z.B. »Sitz«)
▶ Üben des eigenen Timings mit Tennisball

Leinenführigkeit

Zielsetzung: Ihr Hund geht an lockerer Leine mit Ihnen durchs Leben.

Ausgangssituation:

Sie möchten einen entspannten Spaziergang machen, aber Ihr Hund zieht ununterbrochen an der Leine. Er rennt kreuz und quer und es ist ihm völlig egal, dass da sein Mensch am anderen Ende der Leine hängt. Längst haben schon alle anderen Familienmitglieder die Lust verloren, mit dem Vierbeiner spazieren zu gehen. Ihnen selbst tun Arme und Schultern weh, weil Ihr Hund immer wieder in die Leine rennt. So kommen weder Sie noch Ihr Hund entspannt von einem Spaziergang nach Hause. Wenn so die Normalität aussieht, wird es wohl sicher nicht von selbst besser …

Warum zieht Ihr Hund so?

Viele Hunde haben schlicht nicht gelernt, dass »nicht ziehen« das erwünschte Verhalten ist. Sie wurden geschimpft und wahrscheinlich an der Leine zurück geruckt, wenn sie gezogen haben, aber niemand hat sie gelobt, wenn sie an entspannter Leine gelaufen sind. Frei nach dem Motto »Nicht geschimpft ist gelobt genug«. Das funktioniert weder beim Menschen noch beim Hund.

Und es gibt ein weiteres Problem: Beim Zurückrucken wird die Leine erst kurz locker bevor der Ruck und somit der Schmerzreiz kommt. Ihr Hund lernt so also: Lockere Leine bedeutet, dass gleich

---

Leinenführigkeit

Grundsätzlich ist es wichtig zu wissen, dass die Leine nicht zum Führen des Hundes da ist, sondern nur, um ihn zu sichern. Ein Hund sollte über die Stimme und körpersprachliche Signale geführt werden, aber nicht über die Leine. Je mehr wir als Menschen an einem Hund ziehen, umso mehr zieht auch der Hund.

Das Training sollte wie folgt aussehen:
- ▶ Vor Trainingsbeginn Freilauf, damit die erste Energie abgebaut werden kann
- ▶ Die Leine sollte mindestens 3 Meter lang sein, bei manchen Hunden sind auch 5 oder 10 Meter zu Beginn sinnvoll
- ▶ Kurze Trainingseinheiten, wenn möglich dazwischen immer wieder längere Freilaufsequenzen
- ▶ Immer wieder loben, wenn der Hund an lockerer Leine läuft

ein zumindest unangenehmes Gefühl oder sogar Schmerz folgt. Dies gilt ganz besonders, wenn Ihr Hund dabei am Halsband geführt wird.

Auch ein hektisches »Spazierenrennen« kann dazu führen, dass Ihr Hund an der Leine zieht. Wenn wir als Mensch sehr schnell unterwegs sind, übernimmt unser Hund das auch irgendwann. Viele Hundebesitzer denken, dass eine längere, flott absolvierte Strecke mehr zur Auslastung ihres Hundes dient, doch hier wäre Qualität statt Quantität bestimmt um einiges hilfreicher.

Mit Einsetzen der Pubertät fangen viele Hunde das Leineziehen an. Häufig greifen die Halter dann zu einer deutlich kürzeren Leine. Bei einer kürzeren Lei-

ne haben sie das Gefühl, den Hund besser kontrollieren zu können. Leider fällt es ganz besonders den jungen Hunden deutlich schwerer, an einer so kurzen Leine ordentlich zu gehen, da sie schon auf Zug kommen, sobald sie sich ein klein wenig von ihren Haltern wegbewegen und schnüffeln möchten.

Weitere Gründe können ein zu hoher Stresspegel oder auch Angst sein. Sollte dies auf Ihren Hund zutreffen, sollten Sie einen positiv arbeitenden Trainer zu Rate ziehen, denn ein normales Leinenführigkeits-Training wird dann nicht ausreichen. Zuerst muss herausgefunden werden, woher der Stress oder die Angst kommen, bevor ein entsprechendes Training begonnen wird.

Aufbau über
Clicker Training:

Die eleganteste und für beide Seiten beste Methode, eine gute Leinenführigkeit zu erreichen, ist das Clicker Training. Was das ist und wie es funktioniert, haben Sie im zweiten Kapitel (S. 16) gelesen. Bevor Sie mit dem Training beginnen, sollten Sie den Clicker oder ein Markerwort schon etabliert haben.

Lassen Sie Ihren Hund vor dem Training möglichst eine Weile ohne Leine laufen, damit er aufgestaute Energie abbauen kann. Wenn Sie mit dem Training beginnen, nutzen Sie bitte eine mindestens drei Meter lange Leine und ein gut sitzendes Brustgeschirr.

Gehen Sie los und kurz bevor Ihr Hund an der Leine zieht, kommt ihr Markerwort.

Ihr Hund sollte sich nun erwartungsvoll zu Ihnen umdrehen oder zumindest langsamer werden, dann bekommt er das Leckerchen. Dafür dürfen Sie ruhig zu ihm gehen. Nimmt Ihr Hund das Leckerchen nicht an, ist es nicht schlimm. Loben Sie ihn und gehen dann weiter. Sollte Ihr Hund trotzdem an der Leine ziehen, bleiben Sie kurz ruhig stehen und sprechen ihn an. Nimmt er nun den Druck aus der Leine, markern Sie wieder und bieten ihm ein Leckerchen an.

Achten Sie darauf, dass Sie es Ihrem Hund so leicht wie möglich machen. Markern Sie früh genug, damit er gar nicht erst mit viel Schwung in die Leine rennt und er sich noch abfangen kann.

Zu Beginn sollten Sie die Übungssequenzen möglichst kurz halten. Wenn Sie einen jungen, sehr aufgeregten Hund haben, machen Sie nur drei bis vier

Durchläufe. Wenn es dann gut geklappt hat, lassen Sie Ihren Hund wieder ohne Leine laufen und üben mit ihm etwas später weiter. Je positiver und einfacher Sie die Übungssituation für Ihren Hund gestalten können, desto schneller wird er lernen.

Wenn kurze Übungseinheiten gut funktionieren, können Sie entweder die Übung etwas verlängern oder Sie machen sie etwas schwieriger. Zögern Sie dabei den Marker immer weiter heraus, bis Sie nicht mehr kurz vor Ende der Leine markern, sondern den Moment, in dem sich Ihr Hund von selbst zurücknimmt, um nicht an der Leine zu ziehen.

Beim weiteren Training ist es wichtig, dass Sie immer nur eine Sache verändern: Entweder die Ablenkung wird größer ODER die Übungseinheit länger ODER die Übung wird etwas schwerer, indem Sie später markern. Ihr Hund sollte die Übungen aber immer schaffen können. Wenn Sie zu viel auf einmal erwarten, hat Ihr Hund keine Chance, das richtige Verhalten zu zeigen.

Aufbau über »Stop & Go«

Das »Stop & Go« nutze ich nur in Verbindung mit dem Markertraining, da es ansonsten schnell frustrierend für Hund und Mensch werden kann.

Kisha sieht etwas Interessantes weiter vorne und wird schneller. Der Marker kommt bevor (!) sie das Ende der Leine erreicht hat. Daraufhin dreht sie sich um und kommt zu mir, da sie weiß, dass es nun etwas besonders Gutes gibt.

Hier gibt es zwei Möglichkeiten zu arbeiten. Die erste ist das ruhige Stehenbleiben, sobald Ihr Hund zieht. Sie dürfen ein kleines Geräusch wie ein Zungenschnalzen machen oder Ihren Hund ruhig ansprechen, denn sobald er den Druck aus der Leine nimmt, kommt Ihr Lob und/oder Ihr Markersignal und Sie gehen ruhig weiter. Ihr Hund soll lernen, dass er durch Ziehen nicht ans Ziel kommt. Hier ist viel Fingerspitzengefühl gefragt, denn Sie sollten unterscheiden können, ob Ihr Hund vielleicht nur am nächsten Grashalm schnüffeln möchte. Was er natürlich darf. Lassen Sie ihn bitte nicht ein paar Zentimeter vor der begehrten Schnüffelstelle an der kurzen Leine »verhungern«.

Die zweite Möglichkeit kommt zum Zuge, wenn Ihr Hund sehr aufgeregt ist und sehr stark zieht. In dem Fall können Sie die lange Leine immer mal wieder leicht ausbremsen und dann wieder freigeben. Immer wenn die Leine locker ist, loben Sie Ihren Hund ruhig. Wenn Sie merken, er möchte wieder lossprinten, bremsen Sie ihn wieder sanft ein. Achten Sie darauf, Ihren Hund wirklich vorsichtig einzubremsen, es soll kein harter Ruck am Hund ankommen. Stattdessen soll er nach und nach langsamer werden. Das »Ausbremsen« nutze ich immer, wenn ich merke, dass der Hund nicht mehr aufnahmefähig ist, wir aber noch ein Stück an der Leine gehen müssen (es ist ja nicht überall Freilauf möglich). So kommt er nicht in das Dauerziehen, aber auch nicht in die Frustration, die ständiges Stehenbleiben mit sich bringen würde.

Aufbau über Richtungswechsel

Der Richtungswechsel kann Ihrem Hund helfen, sich mehr auf Sie zu konzentrieren. Gehen Sie los und kurz bevor Ihr Hund ans Ende der Leine kommt, sprechen Sie ihn freundlich an, sagen seinen Namen und »hier geht's weiter«. Zeigen Sie in die Richtung, in die Sie gehen möchten und warten Sie einen Moment, bis Ihr Hund sich zu Ihnen orientiert und in die angezeigte Richtung mitläuft. Kurz vor dem Leinenende sprechen Sie ihn wieder freundlich mit Namen und »hier geht's weiter« an und wechseln erneut die Richtung.

Achten Sie bitte immer darauf, dass Ihr Hund den Richtungswechsel mitbekommt und Ihnen folgen kann, ohne dass Sie an der Leine ziehen. Vollziehen Sie auf gar keinen Fall einen Richtungswechsel, ohne ihn anzusagen und rucken dann einfach Ihren Hund in die andere Richtung. Das ist unfair und Ihr Hund lernt dadurch nur, dass er die ganze Zeit auf Sie achten muss, um nicht wieder durch die Gegend geruckt zu werden. Das aber wird ihn stressen.

Welche Methode ist die richtige?

Welche der drei Methoden für Ihren Hund und Sie die Beste ist, müssen Sie selbst herausfinden. Ich selbst kombiniere alle drei gerne, denn je nach Situation brauchen die meisten Hunde unterschiedliche Herangehensweisen.

Egal, wofür Sie sich entscheiden: Wichtig ist immer, dass auch Sie achtsam mit der Leine umgehen. Leinenführigkeit ist eines der schwierigsten Dinge, die es zu trainieren gibt, unter anderem weil es einfach nicht so viel Spaß macht und häufig Emotionen mitspielen, die das Ganze nicht einfacher machen. Ruhig und fair zu bleiben, wenn einem halbwegs der Arm ausgerissen wird, ist zugegebenermaßen nicht immer einfach.

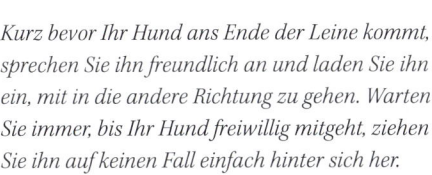

Clickertraining:
Ihr Hund wird gemarkert,
bevor er an der Leine zieht.

Stop & Go:
Sobald Ihr Hund zieht,
bleiben Sie ruhig stehen.
Gelobt wird in dem Moment,
in dem er den Druck aus der Leine
nimmt.

Richtungswechsel:
Sie wechseln immer wieder die Richtung,
sagen dies aber immer mit »Hier geht's
weiter« an.

Kurz bevor Ihr Hund ans Ende der Leine kommt, sprechen Sie ihn freundlich an und laden Sie ihn ein, mit in die andere Richtung zu gehen. Warten Sie immer, bis Ihr Hund freiwillig mitgeht, ziehen Sie ihn auf keinen Fall einfach hinter sich her.

Druck erzeugt Gegendruck

Egal, in welchem Bereich des Lebens man über Druck arbeitet, man sollte sich immer über Folgendes im Klaren sein: Druck erzeugt Gegendruck! Gebe ich irgendwo Druck hinein, muss dieser auch irgendwo wieder raus. Das hat natürlich auch Auswirkungen auf das Hundetraining, z. B. wenn Hunde über Strafreize trainiert werden.

Leinenruck am Halsband

Nehmen wir als Beispiel die Leinenführigkeit, die immer noch bei vielen Hunden über einen Leinenruck am Halsband aufgebaut wird.

Beim Leinenruck passiert Folgendes: Der Hund zieht und wird daraufhin an der Leine zurückgeruckt. Der Mensch erhofft sich, dass der Hund dadurch nur noch an lockerer Leine läuft.

Beim Hund kommen aber verschiedene Dinge an: Um Rucken zu können, müssen wir Menschen die Leine einen kurzen Moment locker werden lassen, um einen größeren Hebel zu haben. Unser Hund lernt also: »Wenn die Leine locker wird, tut es gleich weh. Daher ist es wohl besser, die Leine so straff wie möglich zu halten.«

Sollte Ihr Hund gleichzeitig, während Sie ihn zurückreißen z. B. einen anderen Hund sehen, ist die Chance sehr hoch, dass er verknüpft: »Wenn ich andere Hunde sehe und dabei an der Leine bin, tut es weh. Also sind andere Hunde schlecht, wenn ich an der Leine bin.« Und schon haben Sie eine Leinenaggression bei Ihrem Hund.

Viele Hunde versuchen auch, vor dem Druck am Hals wegzulaufen und hängen sich erst recht richtig rein. Die Aussage »Er braucht ja einfach nicht zu ziehen und schon hat er keine Schmerzen mehr« ist daher unfair und auch sehr gefühllos.

Ein Würgehalsband verursacht nicht nur Schmerzen, sondern kann auch zu gesundheitlichen Problemen führen.

Druck allgemein im Hundetraining

Leider gibt es immer noch genügend Menschen, die im Hundetraining über Druck arbeiten. Bellt ein Hund z. B. einen anderen Hund an, bekommt er dafür Wasser ins Gesicht gespritzt oder wird am Halsband zurückgeruckt. Vielleicht hört Ihr Hund jetzt tatsächlich auf, andere Hunde zu verbellen, dafür jagt er auf einmal Jogger. Oder zerstört Gegenstände zu Hause. Oder ist auf einmal nicht mehr stubenrein. Wie oben schon geschrieben: Druck erzeugt Gegendruck, und der muss irgendwohin. Dann kommen viele Hunde und Besitzer in eine Gewaltspirale: Auch das neue, nicht er-wünschte Verhalten wird über Strafe abtrainiert. Was wieder neues »Fehlverhalten« erzeugt. In dieser Spirale sind unsere Hunde die Verlierer.

Unter Stress lernt es sich nicht gut

Wenn Druck im Training erzeugt wird, steigt automatisch der Stresspegel. Sie kennen das vielleicht noch aus der Schule: Vor einem Lehrer hatten Sie etwas Angst und bekamen schon ein ungutes Gefühl, wenn er den Raum betrat. Er erklärte etwas und in dem Moment, in dem er Sie drangenommen hat, war Ihr Kopf auf einmal leer. Sie hatten seine Erklärungen nicht verstanden und wurden nun dafür geschimpft, nicht aufgepasst zu haben.

Unter Stress lernt es sich einfach nicht gut und das gilt auch für unsere Hunde. Wenn unseren Hunden die Zeit und die Möglichkeit gegeben werden, in Ruhe und in einem positiven Umfeld zu lernen, gelingt ihnen dies viel besser. Je höher der Stresslevel ist, desto weniger erfolgreich ist das Training.

Hunde, die zu sehr gestresst sind, schalten irgendwann ab. Zu erkennen, was Stress ist und wie er sich äußert, gehört zu den wichtigsten Dingen im Leben mit unseren Hunden.

Der kleine Hunde-Knigge

Unterwegs mit Ihrem Hund – so verhalten Sie sich richtig auf dem Spaziergang.

Allgemeine Regeln:

Wenn Sie mit Ihrem Hund unterwegs sind, gibt es ein paar Dinge, die Sie befolgen sollten, damit das Miteinander (mit anderen Hundehaltern, Menschen, Radlern, Kindern etc.) entspannt abläuft.

Kot aufsammeln

Wenn Ihr Hund sein großes Geschäft macht, sollten Sie dieses aufsammeln und mitnehmen. Denn wenn im Laufe des Tages 30 Hunde ihren Haufen in Gebieten machen, wo auch andere Menschen und vor allem Kinder unterwegs sind, kann es rasch sehr unschön und unhygienisch für alle werden. Daher entsorgen Sie bitte die Hinterlassenschaften Ihres Vierbeiners.

Gegenseitige Rücksichtnahme

Wenn Ihnen Radler, Jogger oder Fußgänger entgegenkommen, rufen Sie Ihren Hund zu sich und leinen ihn gegebenenfalls an. Nicht jeder Mensch mag Hunde, manche haben sogar Angst. Wenn das Gegenüber dann doch Kontakt zu Ihrem Hund haben möchte, können Sie immer noch entscheiden, ob Sie das zulassen möchten oder nicht. Denn nicht jeder Hund möchte von einem fremden

Agieren statt reagieren!

Hört Ihr Hund noch nicht besonders gut auf den Rückruf, sichern Sie ihn über eine Schleppleine. So haben Sie Zeit, einen guten Rückruf aufzubauen, und es kann nichts passieren.

Achten Sie zudem auf Ihren Hund. Wenn Sie auf Ihr Handy schauen oder sich mit jemandem unterhalten, haben Sie Ihren Hund nicht im Blick und verpassen eventuell den Moment, in dem Ihre Dogge den Chihuahua entdeckt und beschließt, dass dies ein toller Spielkamerad ist. Das findet Ihr Hund vielleicht lustig, der Chihuahua und sein Mensch werden aber nicht sonderlich begeistert sein.

Wenn Sie sich unterhalten möchten, leinen Sie Ihren Hund entweder an oder haben Sie ihn im Blick, damit er niemanden belästigen kann oder unbeobachtet irgendwo ein Häufchen hinterlässt.

Menschen angefasst werden. Sie kennen Ihren Hund am besten und müssen ihn gegebenenfalls auch vor zu viel unfreiwilliger Nähe schützen.

Scheuen Sie sich auch nicht davor, fremden Menschen eine Grenze zu setzen – Ihr Hund wird es Ihnen danken.

Gärten und Gartenzäune

Bitte achten Sie darauf, dass sich Ihr Liebling nicht an jedem Gartenzaun oder in Vorgärten verewigt. Sobald ein Hund markiert, machen alle Hunde in der Nachbarschaft mit. Obwohl ich ein absoluter Hundemensch bin, fände ich das an meinem eigenen Garten auch nicht schön, wie soll es da Menschen gehen, die mit Hunden nichts anfangen können?

Manchmal läuft es schief

Sollte Ihr Hund beim Gassigehen einen Spaziergänger anspringen oder einen Radler jagen, weil er es vielleicht wirklich zum ersten Mal tut oder Sie einen Moment nicht aufgepasst haben, entschuldigen Sie sich höflich.

Versuchen Sie nicht zu erklären, warum Ihr Hund dies getan hat oder dass ja eigentlich der andere Schuld daran ist. Ihr Vierbeiner obliegt Ihrer Aufsichtspflicht.

Begegnungen mit fremden Hunden:

Kommt Ihnen ein angeleinter Hund entgegen, sollten Sie Ihren Vierbeiner auch abrufen und bei sich behalten. Wenn Sie nicht sicher sind, ob der andere Hund den Kontakt wünscht, fragen Sie einfach freundlich nach. Sollten Sie gebeten werden, Ihren Vierbeiner anzuleinen, tun Sie dies bitte ohne Diskussion. Sie wissen nicht, warum der andere Hund Abstand und die Sicherheit braucht und ob Ihrer nicht doch einmal kurz »Hallo« sagen möchte. Ihr Hund wird es nicht übel nehmen, wenn er kurz an der Leine geht und Sie haben einem anderen Mensch-Hund-Team die Sicherheit und den Abstand geben können, den es jetzt brauchte.

Immer wieder passiert es, dass Menschen ihren Hund zu einem anderen Vierbeiner laufen lassen, da der eigene ja »nichts tut« und »nur spielen möchte«. Dies kann für Letzteren sehr viel Stress bedeuten und ihn auch im Training zurückwerfen, wenn die Distanz unterschritten wird, die der Hund gerade gebraucht hätte, um ruhig zu bleiben. Im schlimmsten Fall kann es gefährlich für Ihren eigenen Hund werden, wenn der andere Aggressionsverhalten gegenüber fremden Hunden zeigt.

Es gibt mittlerweile das »gelber-Hund-Programm«. Wenn ein Hund eine gelbe Schleife oder ein gelbes Tuch trägt, bedeutet dies, dass er sich Abstand wünscht. Sollten Sie also einen Hund mit einer gelben Schleife oder einem gelben Halstuch sehen, wissen Sie sofort, dass dieser Hund Ihren Hund nicht kennen-

lernen möchte und können entsprechend reagieren. Eine tolle Aktion, die vielen Mensch-Hund-Teams das Leben leichter macht.

Darum können Hunde unverträglich sein:

Es gibt verschiedene Gründe, warum ein Hund keinen Kontakt mit anderen Hunden haben möchte oder dessen Halter entscheidet, dass jetzt nicht der richtige Zeitpunkt dafür ist.

Schlechte Erfahrungen in der Vergangenheit:

Manche Hunde haben schlechte Erfahrungen gemacht. Sie wurden gebissen, gemobbt oder sind schmerzhaft von einem anderen Hund überrannt worden. Bei einigen Hunden reicht eine einzige solche Erfahrung aus, um der Meinung zu sein, dass Angriff die beste Verteidigung ist. Diese Hunde brauchen vor allem Abstand, um sich sicher zu fühlen.

Leinenaggression:

Eine Leinenaggression oder -frustration besteht, wenn Ihr Hund im Freilauf gut verträglich mit Artgenossen ist, diese jedoch verbellt oder anknurrt, sobald er angeleint ist.
Bei jungen Hunden ist dies häufig eher eine Leinenfrustration. Sie möchten zum Spielkumpel, werden durch die Leine da-

Der deutlich größere Odin wird abgerufen und angeleint, damit er die schüchterne und kleinere Fae nicht überrennt.

Hunde als anstrengend und stressig. Da mein Herz sehr für alte Hunde schlägt, bitte ich Sie hier ganz besonders achtsam zu sein und Ihren Hund anzuleinen oder abzurufen, wenn Sie sehen, dass ein älterer Hund den Kontakt nicht möchte, ja vielleicht auch brummt und versucht, sich des Jungspundes zu erwehren. Das ist keine gute Lektion für Ihren Hund, um zu lernen, dass man so etwas nicht tut, sondern bedeutet Anstrengung und vielleicht auch Schmerzen für den Senior.

ran gehindert und äußern ihren Unmut darüber recht laut durch Bellen und in die Leine Springen.

Bei einer Leinenaggression aber haben die Hunde verknüpft, dass es negativ ist, wenn Begegnungen stattfinden, während sie angeleint sind. Dies kann verursacht werden, indem ein Hund von einem anderen angegriffen wurde, während er angeleint war. Er kam nicht weg und konnte sich der Situation nicht entziehen. Daher kann »Leine plus fremder Hund« Schmerz oder Angst bedeuten.

Oder ein Hund wurde immer wieder am Halsband von anderen Hunden weggeruckt. Auch hier ist die Verknüpfung »Leine plus anderer Hund gleich Schmerz«.

Hohes Alter:

Ältere Hunde können Probleme mit dem Bewegungsapparat haben, Augen und Ohren funktionieren nicht mehr so gut wie früher, sie stehen nicht mehr so sicher auf allen vier Pfoten. Wenn dann ein Jungspund kommt, der um den Senior herumspringt, empfinden das viele ältere

Schlechte Sozialisation:

Einige Hunde hatten einfach keinen guten Start ins Leben. Sie sind isoliert von anderen Hunden aufgewachsen oder wurden bei einem unseriösen Züchter geboren, lebten in Verschlägen oder Käfigen und hatten die ersten und sehr wichtigen Wochen ihres Lebens keine Chance, normales Sozialverhalten zu lernen. Solche Hunde tun sich oft schwer damit, den richtigen Umgang mit Artgenossen zu lernen, und brauchen viel Zeit und Geduld, um dies wieder auszugleichen.

Auch eine Operation oder Krankheit im Welpenalter kann zu einer schlechten Sozialisierung führen. Kann ein Welpe oder Junghund aufgrund einer Verletzung oder Erkrankung nicht normal spielen und mit anderen Hunden interagieren, fehlt in diesem Fall oft ein wichtiger Teil der Entwicklung, der nachgeholt werden muss.

Ungleiche Passung:

Menschen, die mit sehr kleinen Hunden wie z. B. Chihuahua oder Yorkshire

unterwegs sind, wird immer wieder vorgeworfen, dass sie unerzogene Kläffer an der Leine hätten und sie ihre Hunde einfach mal mit anderen spielen lassen sollten. So einfach ist das leider nicht. Wenn z. B. ein Labrador oder ein Berner Sennenhund auf einen deutlich kleineren Hund zurast und diesen umrennt, so ist das kein Spaß für den kleinen Hund. Das tut weh und kann nicht unerhebliche Verletzungen nach sich ziehen. Stellen Sie sich vor, Sie gehen entspannt spazieren und auf einmal kommt ein Rugby-Spieler auf Sie zu gerannt und rennt Sie um. Nicht schön, oder? Ähnlich fühlen sich viele kleinere Hunde, die von größeren gejagt oder umgerannt werden. Vielleicht will Ihr Hund tatsächlich nur spielen, für den kleineren kann dies zum Kampf ums Überleben werden.

»Meiner Tut nix – aber meiner«

Es gibt also verschiedene Gründe, warum ein Hund andere Artgenossen nicht treffen möchte.

Wenn Sie einen friedlichen, netten Hund haben, denken Sie bitte daran, dass nicht alle Hunde so sind, und akzeptieren Sie es, wenn ein anderer Hundehalter keinen Kontakt wünscht.

Sollte Ihnen jemand mit angeleintem Hund entgegenkommen, leinen Sie Ihren ebenfalls an. Wenn Sie sehen, dass ein anderer Hundehalter mit seinem Tier auf Distanz geht, respektieren Sie dies und halten ebenfalls Distanz ein. Sie lassen Ihren Hund nicht dorthin hinlaufen.

Gehen Sie zügig an dem anderen Mensch-Hund-Team vorbei, ohne belehren zu wollen oder eine Diskussion anzufangen. Denken Sie daran: Es wird einen guten Grund geben, warum die anderen Ihnen ausgewichen sind.

Falls das Abrufen noch nicht so gut funktioniert: Bitte gehen Sie vorausschauend spazieren und rufen Sie Ihren Hund frühzeitig ab. Die »Krawallnudel«-Halter werden es Ihnen danken!

Auf einen Blick

▶ Angeleinter Hund – selbst anleinen

▶ Hund nicht aus dem Blickfeld laufen lassen

▶ Aufmerksam und vorausschauend mit Hund gehen

▶ Nicht alles anpinkeln lassen

▶ Kot aufsammeln

▶ Respektieren, wenn jemand keinen Kontakt wünscht

DAS ZUSAMMEN-LEBEN

Entspannt durch den Alltag

Die Sofa-Diskussion

Darf er oder darf er nicht aufs Sofa? Und wenn ja, in welcher Form?

Ausgangssituation:

Ihr Hund liegt gemütlich auf dem Sofa, er macht sich dort richtig breit und schnarcht genüsslich.

Ein Teil der Familie findet das total süß, der andere regt sich über die Haare auf dem Sofa auf und darüber, dass nun kein Platz mehr ist.

Von Ihrer Nachbarin haben Sie vielleicht gehört, dass Hunde nicht auf die Couch dürfen, weil sie dann erhöht liegen und denken, sie seien der Chef. Auf der anderen Seite haben Sie in einem Internetforum gelesen, dass der Hund unbedingt auf das Sofa gehört, ansonsten würde es mit der Bindung nicht klappen.

Was stimmt?

Ob Ihr Hund auf dem Sofa (oder im Bett) liegen darf, entscheiden alleine Sie. Das hat nichts damit zu tun, ob Ihr Hund auf einmal in der Rangfolge steigen könnte oder Ihre Bindung zum Hund besser wird, sondern alleine mit der Tatsache: Möchte ich meinen Hund (mitsamt seinen Hundehaaren) auf der Couch haben oder nicht. Ich persönlich finde, dass es nichts Gemütlicheres gibt, kann aber auch gut verstehen, wenn man sich sein Sofa nicht unbedingt mit einer Dogge teilen möchte oder die Haare nerven. Auch Hunde, die nicht mit aufs Sofa dürfen, können eine gute Bindung zu ihren Menschen aufbauen. Schließlich kann man am Boden genauso mit einem Hund kuscheln wie auf dem Sofa.

Das Ding mit der Rangfolge füllt ein ganzes Buch, daher sei hier nur gesagt: Eine Rangfolge zwischen Hund und Mensch existiert nicht. Und auch bei Hunden wird die selten so eng ausgelegt oder so hart erkämpft, wie es gerne propagiert wird. Sie müssen nicht der »Chef« Ihres Hundes sein und Ihr Hund wird auch nicht andauernd versuchen, die Führung zu übernehmen. Ich kann Ihnen dazu das Buch von Anders Hallgren empfehlen: Das Alpha-Syndrom. Hier wird mit allen Vorurteilen aufgeräumt und alles gut erklärt.

Egal wofür Sie sich entscheiden: Wichtig ist, dass sich alle einig sind. Entweder Ihr Hund darf auf die Couch oder eben nicht und diese Regel gilt für alle Familienmitglieder. Für einen Hund ist es schwierig zu verstehen, dass er mit Ihren Kindern auf der Couch kuscheln darf, Sie ihn aber immer runterschicken, wenn er versucht, mit Ihnen auf die Couch zu kommen.

Es stehen Ihnen drei Möglichkeiten offen. Möglichkeit eins: Ihr Hund darf auf die Couch und liegen, wo er möchte. Möglichkeit zwei: Ihr Hund darf auf die Couch, wenn »seine« Decke auf der Couch liegt. Möglichkeit drei: Ihr Hund darf generell nie auf die Couch.

Wenn Ihr Hund sowieso überall liegen darf, müssen Sie nichts weiter tun, diese »Regel« wird Ihr Hund sehr schnell von alleine lernen.

Deckentraining:

Wenn Sie möchten, dass Ihr Hund nur auf dem Sofa liegt, wenn dort eine Decke für ihn ausgelegt wurde, trainieren Sie dies wie folgt:

Sie legen eine bestimmte Decke aufs Sofa und bitten Ihren Hund auf die Decke. Hier wird er gelobt und belohnt. Wenn er sich auf dem Sofa woanders hinlegen

Management und vorausschauendes Handeln

Erziehung bedeutet Anwesenheit. Wenn Sie nicht möchten, dass Ihr Hund aufs Sofa geht, müssen Sie gleich zu Beginn Management betreiben. Dies kann z. B. so aussehen, dass Ihr Hund keinen Zugang zum Wohnzimmer hat, wenn Sie nicht dabei sind. Wenn Sie dabei sind, achten Sie genau darauf, ob Ihr Hund Anstalten macht, auf das Sofa zu springen. In dem Moment rufen Sie ihn zu sich oder sagen ihm freundlich, dass er sich auf seine Decke legen darf, aber nicht hoch aufs Sofa soll. Geben Sie Ihrem Hund außerdem ausreichend Möglichkeiten, mit Ihnen Kontakt aufzunehmen und kuscheln zu können, wenn Sie nicht auf dem Sofa sitzen. Für viele Hunde ist Körperkontakt und Kuscheln wichtig. Bekommt ein Hund zu wenig Zuwendung, wird er versuchen sie sich zu holen, sobald Sie zur Ruhe kommen. Und dies geschieht meist, wenn Sie auf dem Sofa sitzen.

runterzugehen, versuchen Sie bitte nicht ihn vom Sofa zu schieben, sondern gehen Sie z. B. zur Haustür und rufen Sie ihn. Und dann üben Sie mit ihm das Signal »runter«. Lassen Sie ihn auf die Couch hüpfen, dann werfen Sie ein Leckerchen vom Sofa weg und geben gleichzeitig das Signal »runter«. Um an das Leckerchen zu kommen, muss Ihr Hund von der Couch runter.

Dann bauen Sie nach und nach das Leckerchen ab, bis Ihr Hund ohne zu überlegen auf das Signal »runter« die Couch sofort verlässt. So verhindern Sie ein Kräftemessen und haben ein gutes Mittel, um Ihren Hund von der Couch zu schicken.

Da Ihr Hund auf der Couch nicht mit Ihnen kuscheln darf, kuscheln Sie stattdessen auf dem Boden mit ihm. Bieten Sie ihm eine Decke vor der Couch an, sodass er trotzdem Kontakt zu Ihnen haben kann. Viele Hunde sind gerne in unserer Nähe und so schaffen Sie einen Kompromiss, der für beide Seiten in Ordnung ist und die Bedürfnisse aller befriedigt.

möchte, schicken Sie ihn wieder freundlich auf seine Decke und belohnen ihn dort. Irgendwann schicken Sie ihn wieder vom Sofa runter und legen die Decke weg. Sollte Ihr Hund versuchen auf das Sofa zu gehen, solange die Decke nicht dort liegt, schicken Sie ihn freundlich wieder runter. So lernt Ihr Hund relativ schnell, dass er nur mit aufs Sofa darf, wenn seine Decke dort liegt.

Ihr Hund darf nicht aufs Sofa:

Wenn Ihr Hund nicht auf das Sofa darf, dürfen Sie ihn nie dazu einladen und der Rest der Familie sollte sich auch daranhalten.

Je konsequenter Sie hier sind, desto weniger Probleme wird es mit Ihrem Hund geben. Sollten Sie einen Hund haben, der für sich entdeckt hat, dass die Couch sein Lieblingsplatz werden könnte, brauchen Sie einen längeren Atem. Schicken Sie ihn immer wieder freundlich runter. Bleibt Ihr Hund lieber liegen, anstatt vom Sofa

Wenn Ihr Hund auf einer Decke aufs Sofa darf:

▶ Decke immer auslegen und erst danach Hund aufs Sofa bitten
▶ Loben, wenn er auf der Decke liegt
▶ Freundlich wieder auf die Decke schicken, wenn er sich auf eine andere Stelle des Sofas legt
▶ Decke im Anschluss wieder wegräumen

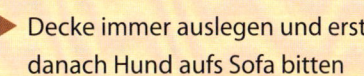

Betteln am Tisch

So gewöhnen Sie Ihrem Hund das Betteln ab.

Ausgangssituation:

Für die meisten Hunde ist Essen etwas sehr Hochwertiges und deshalb verfestigt sich das Betteln am Tisch meist aus folgenden Gründen: Ihr Hund hat einmal angefangen zu betteln, weil es für ihn appetitlich roch und hat daraufhin etwas vom Tisch bekommen. Also hat er gelernt, dass es sich lohnt zu betteln.

Oder Sie haben irgendwann damit angefangen, Ihrem Hund ab und zu etwas vom Tisch zu geben. Dadurch werden selbst aus Hunden, die nicht von sich aus betteln würden, Bettler am Tisch.

Außerdem gibt es Hunde, die richtige Diebe sind und jede Chance ergreifen, etwas Leckeres vom Tisch zu ergattern. Jedes Mal, wenn sie etwas erwischen, wird das Klauen eingeübt, belohnt und damit verfestigt.

Voraussetzungen & Management

Grundsätzlich ist es besser, wenn Ihr Hund keinen Hunger hat, wenn Sie essen. Daher ist es gut, den Hund zu füttern, bevor wir Menschen uns an den Tisch setzen. So wird das Betteln aus Hunger effizient abgestellt. Stellen Sie sich vor, Sie gehen mit Freunden essen, allerdings wird Ihre Bestellung vergessen. Alle anderen bekommen ihr Essen, Sie müssen aber weitere 30 Minuten warten und den anderen beim Essen zusehen. Es ist ziemlich wahrscheinlich, dass Sie fragen, ob Sie schon bei den anderen etwas naschen dürfen, damit das Warten nicht so schlimm wird. Genauso ergeht es Ihrem Hund, wenn er immer warten muss, bis Sie mit Essen fertig sind.

Sie können Ihrem Hund auch in dem Moment, in dem Sie anfangen zu essen, etwas zum Knabbern geben oder einen Kong füllen, mit dem er eine Weile zu tun hat. So ist er mit seinem eigenen Futter beschäftigt und Sie können in Ruhe essen.

Variante 1: Es gibt nie etwas vom Tisch

Es gibt zwei Varianten, wie Sie weiter vorgehen können. In der ersten Variante bekommt Ihr Hund niemals etwas vom Tisch. Hierbei sind zwei Dinge besonders wichtig: Es sollte tatsächlich niemand mehr Ihren Hund vom Tisch füttern. Und Sie dürfen sich nicht erweichen lassen von den großen, traurigen Hundeaugen. Wenn Ihr Hund bis jetzt immer mit dem Betteln durchgekommen ist, kann es zu Beginn des Trainings erst einmal schlimmer werden, d. h. es kann sein, dass Ihr Hund vehementer wird im Einfordern von Futter. Dies kann sich durch Winseln, Bellen oder auch mit der Pfote tatzen oder mit der Schnauze anstupsen äußern. Das ist der sogenannte Löschungstrotz: Bis jetzt hat das Verhalten immer funktioniert und es gab etwas vom Tisch, also wird es jetzt vermehrt und stärker gezeigt. Lassen Sie sich dadurch nicht aus dem Konzept bringen. In der Regel sind Sie nach einer Woche durch die schlimmste Phase durch und Ihr Hund hat verstanden, dass sich das Betteln ab jetzt nicht mehr lohnt.

Schwierig wird dies natürlich, wenn kleine Kinder in der Familie leben. Da fällt immer mal etwas vom Teller und Ihr Hund wird »aufräumen«. Entweder Sie lassen das zu und leben damit, dass Ihr Hund der Staubsauger ist für alles, was Ihrem Kind runterfällt. Die andere Lösung ist, dass Ihr Hund lernt, sich nicht am oder unter dem Tisch aufzuhalten, während Sie essen. Hier können Sie, wie weiter oben beschrieben, damit arbeiten,

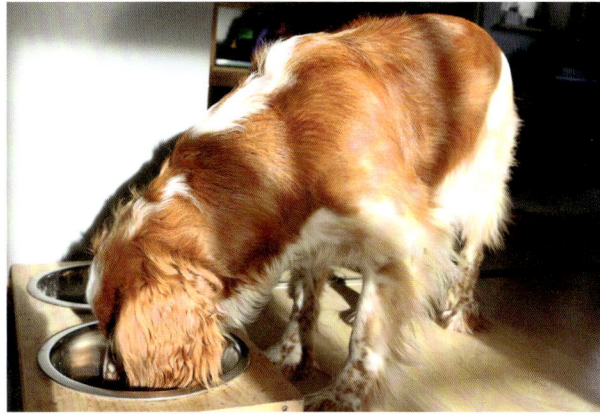

Füttern Sie Ihren Hund, bevor Sie selbst essen oder geben Sie ihm währenddessen etwas zum Kauen. So können Sie Ihre eigene Mahlzeit entspannt genießen.

dass Ihr Hund etwas zum Knabbern oder Schlecken bekommt, während Sie essen.

Variante 2: Der letzte Bissen

Vielleicht ist es Ihnen aber auch wichtig, Ihrem Hund etwas vom Tisch geben zu können, möchten aber trotzdem nicht, dass er bettelt. Dann geben Sie Ihrem Hund einfach immer den letzten Bissen ab. Heben Sie etwas für Ihren Hund geeignetes auf und wenn Sie fertig sind mit Essen, bekommt Ihr Hund diesen Happen.

Hunde lernen sehr schnell, dass sie zuverlässig am Ende etwas bekommen. Sie können daher entspannt neben Ihnen am Tisch liegen und brauchen nicht zu betteln. Hier ist es natürlich wichtig, dass Sie zwischendurch nichts geben, ansonsten sitzt Ihr Hund während des Essens wieder die ganze Zeit neben Ihnen. Wichtig ist: Machen Sie eine Routine daraus, in der der Ablauf immer gleich ist, nur so weiß Ihr Hund, dass er sich auf Sie und den letzten Bissen verlassen kann.

Lernen Hunde zu unterscheiden?

In manchen Familien gibt es den ein oder anderen, der sich nicht an die ausgemachten Regeln hält. Der Hund schaut doch so süß und muss einfach etwas vom Tisch abbekommen, so schlimm wird das schon nicht sein. Das ist natürlich auf der einen Seite kontraproduktiv für Ihr Training, denn Ihr Hund wird deutlich länger brauchen zu verstehen, dass sich das Betteln nicht lohnt. Auf der anderen Seite sind Hunde zum Glück sehr schlau und wissen irgendwann, bei wem es sich lohnt zu betteln und bei wem nicht. Meine eigene Hündin bettelt bei mir z. B. nie. Das liegt zum einen daran, dass sie grundsätzlich nichts von meinem Essen abbekommt, andererseits ernähre ich mich vegetarisch, da sind aus ihrer Sicht selten spannende Dinge auf dem Tisch. Bei einer Freundin jedoch sitzt sie immer kerzengerade neben deren Stuhl und sabbert etwas … hier bekommt sie ab und zu

Entscheiden Sie sich – und bleiben Sie dabei!

Überlegen Sie sich, welche Variante für Sie die richtige ist. Auch hier gilt: Halten Sie sich selbst an die Regeln, die Sie aufgestellt haben. Je vorhersehbarer Sie sich für Ihren Hund verhalten, umso besser lernt Ihr Hund die von ihm verlangten Verhaltensregeln.

Bei sehr hartnäckigen Hunden können Sie auch Management betreiben: Sie können Ihren Essbereich z. B. mit einem Kindergitter absperren und Ihrem Hund nach und nach beibringen, dass er, während Sie essen, nicht in der Nähe des Esstisches sein sollte. Achten Sie zusätzlich darauf, dass Ihr Hund nichts mehr erwischen kann, d. h. es wird immer alles Essbare sicher weggeräumt und Ihr Hund wird nicht mit einem gedeckten Tisch alleine gelassen. Je öfter er etwas ergattert, umso stärker festigt sich das Verhalten.

etwas ab. Mich selbst stört es nicht, denn Kisha macht dies tatsächlich nur bei dieser einen Freundin und die Freundin findet es süß. Also eine Win-Win-Situation für beide.

Würde meine Kisha dieses Verhalten auf jeden Gast übertragen, würde ich hier einen Riegel vorschieben und alle Freunde bitten, dass niemand ihr etwas vom Tisch gibt.

Grundbedürfnis Futter

Falls Sie einen Hund haben, der sehr häufig bettelt und auch draußen viel nach Essbarem sucht, sollten Sie überprüfen, ob er ausreichend Futter bekommt. Es gibt einen neuen Trend, die Hunde sehr schlank zu halten mit der Begründung, dass dadurch die Gelenke geschont

werden. Natürlich sollte ein Hund nicht übergewichtig sein, dass ist weder für Menschen noch für Hunde gesund. Wenn Sie allerdings jede Rippe einzeln zählen können und kaum bis keine Fettschicht zwischen Haut und Rippen fühlen, ist Ihr Hund definitiv zu dünn. Wenn Ihr Hund deswegen andauernd Hunger hat, wird er mehr Betteln und mehr Futter stehlen. Das Gleiche passiert bei Hunden, die nie in Ruhe ihr Futter essen dürfen, sondern für jedes Bröckchen arbeiten müssen und dadurch selten richtig satt werden. Diese Hunde sind sich nie sicher, ob und wann es das nächste Mal Futter gibt.

Das Grundbedürfnis nach Essen muss also erfüllt sein, und zwar so, dass Ihr Hund sicher sein kann, regelmäßig und ausreichend Futter zu bekommen.

Anspringen abtrainieren

So bleibt Ihr Hund auf dem Boden der Tatsachen.

Nicht jeder Mensch findet es gut, so von einem Hund begrüßt werden.

Ausgangssituation:

Es gibt Hunde, die scheinen unter ihren Pfoten Sprungfedern zu haben. Wildfremde Menschen werden durch Anspringen begrüßt, was nicht bei allen gleichermaßen gut ankommt. Vor allem im Winter und an Regentagen ist diese Art »Hallo« zu sagen besonders lästig und ärgerlich, nicht jeder ist von Schlammpfoten auf seinem Mantel begeistert. Richtig gefährlich wird das Anspringen von kleinen Kindern oder älteren Menschen besonders durch größere Hunde.

Neben dem Schreck und schmutzigen Kleidern können schmerzhafte Stürze die Folge sein.

Warum reagiert Ihr Hund so?

Häufig wird Anspringen damit erklärt, dass ein Hund sich freut und uns Menschen begrüßen möchte. Das mag zum Teil ein Grund sein, allerdings sollte man sich die Körpersprache des Hundes genau anschauen, denn Anspringen ist nicht gleich Anspringen.

Freudiges Anspringen

Die Körpersprache des Hundes ist dabei sehr weich, in der Regel springen die Hunde nicht kraftvoll an und tun dies auch nicht durchgehend. Denn Freuen kann man sich auch mit allen vier Pfoten am Boden.

Besonders Welpen und Junghunde zeigen dieses Verhalten, das durch uns Menschen durch Loben und Streicheln noch verstärkt wird, da wir es bei Welpen so liebenswert finden. Dies bedeutet, dass wir den jungen Hunden das Hochspringen geradezu beibringen.

Übersprungsverhalten

Anspringen wird auch als Übersprungsverhalten gezeigt, d. h. der Hund steht unter Stress oder Anspannung. Jetzt ist die Körpersprache nicht mehr weich, sondern der Körper deutlich angespannter.

Häufig wird diese Art des Anspringens gezeigt, wenn der Hund in einer Konfliktsituation steckt und nicht mehr weiterweiß.

Ersatzverhalten trainieren:

Überlegen Sie sich, was Ihr Hund tun könnte, anstatt Sie anzuspringen. Hunden fällt es deutlich leichter, ein anderes Verhalten zu zeigen, statt dem Befehl nachzukommen: »Nein, tu das nicht.«

Aggressionsverhalten und Anspringen

Anspringen kann auch als stoppendes oder distanzvergrößerndes Verhalten gezeigt werden. Die Körperspannung ist dabei sehr hoch und der Mensch wird mit viel Kraft angesprungen. Ziel des Anspringens ist in diesem Moment, den Menschen zu stoppen oder zu vertreiben, bzw. den Abstand zu vergrößern. Gleichzeitig wird dieser Hund Ausdrucksverhalten aus dem Bereich des Aggressionsverhaltens zeigen: Knurren, Zähne fletschen, aggressives Bellen. Sollte dies bei Ihrem Hund der Fall sein, konsultieren Sie bitte einen gewaltfrei arbeitenden Trainer, da Sie ein intensiveres Training benötigen, welches begleitet werden sollte.

Von diesem Hund möchten Sie wahrscheinlich nicht angesprungen werden.

Es ist viel einfacher, wenn unser Hund genau weiß, was er stattdessen tun soll. Im Falle meiner Hündin Kisha ist dies ein Spielzeug bringen und sich mit allen vier Pfoten am Boden freuen, anstatt den Besuch anzuspringen.

Kisha hat diese Alternative damals von sich aus angeboten, da sie gerne Dinge ins Maul nimmt, wenn sie aufgeregt ist. Das habe ich dann im Training genutzt. Wenn Sie Ihren Hund gut kennen, werden Sie mit Sicherheit ebenfalls schnell ein Ersatzverhalten finden, das Ihrem Hund liegt. Das könnte das Bringen eines Spielzeugs sein, oder Hinsetzen statt Anspringen, und auch sich auf allen vier Pfoten am Boden freuen.

Alle vier Pfoten auf den Boden

Welches Ersatzverhalten Sie auch trainieren möchten, der Ablauf ist jeweils gleich. Hier beschreibe ich Ihnen, wie Sie das Verhalten »alle vier Pfoten bleiben am Boden« trainieren, da dies am häufigsten genutzt wird.

Auch bei diesem Training ist ein Markersignal von Vorteil, Sie können aber genauso gut einfach loben.

Springt Ihr Hund Sie an, wenn Sie nach Hause kommen, weil er sich freut, gehen Sie folgendermaßen vor:

Bleiben Sie so ruhig wie möglich. Je aufgedrehter Sie Ihren Liebling begrüßen,

Wenn Ihr Hund Sie anspringt, drehen Sie sich kurz weg und geben Sie ihm ein Alternativverhalten: Hier ist es das »Sitz«.

desto mehr wird er selbst »hochfahren«, wenn Sie nach Hause kommen. Falls Ihr Hund schon im »Anflug« ist, wenden Sie sich kurz ab von ihm.

Sobald Ihr Hund alle vier Pfoten am Boden hat, kommt Ihr Markersignal oder das Lob und Sie geben ihm seine Belohnung so, dass er weiterhin mit den Pfoten am Boden bleiben kann. Sie können ihm auch ein »Sitz«-Signal geben, manche Hunde schaffen es dann etwas besser, unten zu bleiben.

Zu Beginn machen Sie es Ihrem Hund so leicht wie möglich, gehen zügig zu ihm und begrüßen ihn, sobald die Pfoten am Boden sind. Wenn Sie merken, dass Ihr Hund es immer besser schafft, unten zu bleiben, zögern Sie den Marker nach und nach heraus, bis Sie nach Hause kommen können und Ihr Hund Sie freudig, aber ohne Anspringen begrüßt.

Achten Sie auch darauf, dass das Anspringen nicht weiter von Besuchern unabsichtlich verstärkt wird, weil diese Ihren Hund streicheln und loben, wenn er sie anspringt. Das ist vielleicht nett gemeint, aber kontraproduktiv zu Ihrem Training.

Auf einen Blick

▶ Alle vier Pfoten am Boden
▶ Markern/Loben und Belohnen
▶ Belohnung so geben, dass der Hund unten bleibt
▶ Hochfrequent zu Beginn das richtige Verhalten belohnen
▶ Dann langsam Marker/Lob hinauszögern
▶ Selbst den Hund beim Begrüßen nicht hochpuschen

Anspringen von Spaziergängern

Wenn Ihr Hund nicht nur Sie zu Hause überschwänglich begrüßt, sondern auch beim Spazierengehen dazu neigt, fremde Menschen anzuspringen, brauchen Sie jemanden, der Ihnen im Training hilft. Wichtig ist, zu Beginn in einem Abstand zu trainieren, in dem Ihr Hund ruhig bleiben kann und noch nicht hochspringt. Sie sichern Ihren Hund an einem gut sitzenden Brustgeschirr und einer Leine. Die Hilfsperson steht so weit von Ihrem Hund entfernt, dass dieser zwar den Menschen bemerkt, aber noch nicht anspringen möchte. Bleibt Ihr Hund mit allen vier Pfoten am Boden, markern/loben und belohnen Sie ihn. Wenn das gut klappt, kommt die Hilfsperson einen

Schritt näher und Sie belohnen wieder das richtige Verhalten.

Das wiederholen Sie so oft, bis Ihr Hund keine Anstalten mehr zeigt, den fremden Menschen anzuhüpfen.

Dann können Sie die Übung langsam etwas schwieriger machen. Die Hilfsperson spricht Sie kurz an, bleibt aber noch in größerem Abstand stehen. Achten Sie auch hier wieder darauf, dass Sie nicht zwei Dinge auf einmal schwieriger machen, also lassen Sie bitte nicht die Hilfsperson deutlich näherkommen und dabei den Hund überschwänglich begrüßen. Gestalten Sie das Training immer so, dass Ihr Hund zwar leicht an seine Grenze kommt, die Übung aber trotzdem schaffen kann.

Wenn es mit der einen Hilfsperson gut funktioniert, üben Sie mit dem nächsten Menschen und verändern nach und nach das Training so, dass Ihr Hund generalisieren kann. D. h. Sie üben an verschiedenen Orten mit verschiedenen Menschen in unterschiedlichen Situationen.

Was tun, wenn das Training nicht klappt

Sollten Sie im Training gar nicht weiterkommen, kann es an verschiedenen Dingen liegen.

Sie sind zu schnell vorgegangen:

Wenn Sie bei den Übungen die Schwierigkeiten zu schnell steigern, ist Ihr Hund überfordert. Es kann sogar sein, dass sich durch den Stress das Verhalten verschlimmert und er Rückschritte

macht. In diesem Fall fangen Sie im Training einfach wieder von vorne an und bauen es kleinschrittiger auf. Geben Sie Ihrem Hund genügend Übungspausen und übertreiben Sie das Training nicht. Hier gilt: Weniger ist mehr. Beobachten Sie Ihren Hund gut und beenden Sie das Training, wenn es richtig gut funktioniert hat. Schließen Sie Ihre Trainingseinheit immer mit einem positiven Erlebnis ab.

Ihr Hund rennt beim Spazierengehen zu jedem hin, bevor Sie ihn stoppen können.
Hier hilft nur Management. Solange Sie noch im Training sind, führen Sie Ihren Hund zumindest an der Schleppleine, bis er zuverlässig abrufbar ist oder andere Menschen nicht mehr anspringt.

Schmerzen, Stress, Konfliktverhalten
Wenn eines dieser Dinge auf Ihren Hund zutrifft, müssen Sie erst einmal am eigentlichen Problem arbeiten. Lassen Sie Ihren Hund beim Tierarzt durchchecken, überprüfen Sie, ob er ausreichend Ruhe am Tag bekommt und beobachten Sie genau, ob es wirklich freudiges Anspringen ist oder ob Ihr Hund aus einem Konflikt heraus eine höhere Körperspannung zeigt und dies tut. Im letzteren Fall sollten Sie darauf achten, dass Ihr Hund nicht von fremden Menschen bedrängt wird und das Training entsprechend anpassen, bzw. sich einen Trainingsplan von einem Trainer erstellen lassen.

Sobald der Mensch kommt, sprechen Sie Ihren Hund an und loben/belohnen Sie ihn. Das Hinknien ist eine Steigerung der Ablenkung.

Grenzen setzen

Sie lesen in diesem Buch immer wieder, dass Sie freundlich mit Ihrem Hund umgehen sollten. Bedeutet dies, dass Sie Ihrem Hund gar keine Grenzen setzen dürfen? Nein. Es ist nur immer die Frage, wie genau ich eine Grenze setze und ob mein Hund versteht, was ich von ihm möchte. Denn meistens sagen wir einfach »Nein«, ohne unserem Hund vorher erklärt zu haben, was »Nein« denn tatsächlich bedeutet.

Was ist Fehlverhalten überhaupt?

Für Hunde ist das, was wir als unerwünscht ansehen, ganz normales Verhalten. Wenn Sie einen Hund haben, der territorial veranlagt ist, wie z. B. der Hovawart, wird dieser Ihr Haus und den Garten auch gut bewachen. Das war das Zuchtziel dieser Hunde. Woher sollen sie jetzt wissen, dass manche Menschen die Wohnung einfach so betreten dürfen?

Woher soll ein Hund wissen, dass es nicht erlaubt ist, das leckere Schnitzel vom Küchentisch zu klauen oder sich ins frisch gemachte Bett zu legen? Aus Hundesicht macht es vollkommen Sinn, es sich bequem zu machen und essbare Dinge auch zu essen.

Grenzen setzen mit Gewalt

Wenn wir von Grenzen setzen reden, meinen viele, dass diese über eine Strafe erfolgen müsste. Der Hund zieht an der Leine? Er wird am Halsband schmerzhaft zurückgeruckt. Er versucht hochzuspringen? Dann wird ihm ein Knie in die Brust gerammt.

Was aber passiert mit unseren Hunden, wenn wir so mit ihnen umgehen?

Das ursprüngliche Bedürfnis, welches hinter dem Verhalten steckt, wird nicht erfüllt. Stattdessen wird ein Verhalten durch die Strafe unterdrückt.

Das führt zu Frustration und wie im Kapitel »Druck erzeugt Gegendruck« (S. 26) schon beschrieben, muss dieser Druck dann irgendwo hin und entlädt sich häufig in einem anderen, von uns nicht erwünschtem Verhalten.

Außerdem wird oft zu stark und zum falschen Zeitpunkt gestraft. Dies führt zum Vertrauensverlust bei Ihrem Hund und meist hat er dann auch nicht gelernt, was genau er falsch gemacht hat. Und, noch viel wichtiger: Er weiß nicht, was er als Alternative hätte tun können.

Solange Sie Ihrem Hund keine Alternativen aufzeigen und ihm erklären, was Sie eigentlich von ihm möchten, ist »richtig oder falsch« ein einziges Ratespiel für den Hund.

Es gibt einen sehr guten Versuch zu diesem Thema. Zwei menschlichen Probanden soll beigebracht werden, einmal um einen Stuhl herum zu gehen und sich zu setzen. Bei der ersten Probandin wird über Markertraining gearbeitet. Immer wenn sie etwas richtig macht, kommt ein Markersignal, wenn sie etwas falsch macht passiert nichts. Sie lernt relativ schnell, was sie machen soll, hat Spaß an der Sache und probiert verschiedene Dinge aus.

Der zweite Proband bekommt ein Stromhalsband an seinen Arm angelegt. Immer, wenn er etwas falsch macht, bekommt er einen leichten Stromschlag, wenn er etwas richtig macht, passiert nichts. Innerhalb kürzester Zeit blieb dieser Proband einfach stehen und machte nichts mehr, weil er Angst davor hatte, etwas falsch zu machen. Dieses Beispiel zeigt sehr eindrucksvoll, was Strafen mit unserer Psyche machen.

Der weiß genau, was er getan hat!

Kommen Hundehalter nach Hause und schimpfen ihren Hund, weil er in ihrer Abwesenheit etwas angestellt hat (z. B. Papier zerfetzen), werden Haltung und Blick des Hundes häufig als »schuldbewusst« interpretiert.

Wenn ein Hund so viel kaputt macht, hat dies immer einen Grund. Wenn Sie den Grund herausfinden, können Sie am eigentlichen Problem trainieren.

Tatsächlich ist es aber so, dass der Hund auf das Ausschimpfen reagiert und beschwichtigendes Verhalten zeigt. Das bedeutet aber nicht, dass er den Grund des Tadelns kennt. Kommt diese Situation häufig genug vor, wird Ihr Hund die Beschwichtigungssignale schon zeigen, bevor Sie schimpfen. Denn er hat verknüpft: Zerfetztes Papier am Boden plus anwesender Halter bedeutet Ärger. Was nicht gelernt wurde, ist: Der Hund soll das Papier nicht zerfetzen. Da wir nicht dabei waren und die unerwünschte Handlung (Papier zerfetzen) im richtigen Moment unterbrechen konnten, kann unser Hund einige Zeit später nicht mehr die Strafe mit der Handlung verknüpfen, sondern nur mit dem Ergebnis (zerfetztes Papier liegt am Boden).

Grenzen setzen – aber richtig

Vielleicht denken Sie sich jetzt: Na toll, darf mein Hund dann alles machen, was er möchte? Nein, natürlich nicht. Grenzen setzen (und diese einhalten) gehört zum Leben dazu. Aber ich kann eine Grenze auch freundlich setzen und so, dass mein Hund versteht, was ich von ihm möchte.

Finden Sie ein alternatives Verhalten

Fair und wirkungsvoll geht dies, wenn Sie ein Alternativverhalten finden, welches der Hund statt des nicht erwünschten Verhaltens ausführen kann.
Idealerweise ist das Alternativverhalten gegensätzlich zum unerwünschten Verhalten. Im Beispiel weiter vorne, im Kapitel zum Anspringen, habe ich beschrieben, dass meine Kisha immer ein Spielzeug ins Maul nimmt, um Besucher zu begrüßen. Mir ist irgendwann aufgefallen, dass sie immer, wenn sie was mit sich herumträgt, niemanden mehr anhüpft. Daraufhin habe ich sie immer Spielzeugholen geschickt, wenn Besuch kam. Nach einigen Durchläufen hat sich das Ganze verselbstständigt und nun sucht sie sich von alleine etwas, was sie dem Besuch zeigen kann, ohne, dass ich etwas sagen muss. So konnte ich das Problem auf eine Art lösen, die für alle Beteiligten (Kisha und Besucher) in Ordnung ist.
Überlegen Sie sich: Warum zeigt Ihr Hund ein bestimmtes Verhalten und was könnte er stattdessen tun? Gibt es ein natürliches Alternativverhalten, also etwas, was Ihr Hund von alleine anbietet, wie das Bringen von Spielzeug? Vielleicht trainieren Sie Ihrem Hund auch ein künstliches Alternativverhalten an, z.B. Blickkontakt zu Ihnen aufnehmen, anstatt jeden Menschen draußen fröhlich zu begrüßen oder sich auf seine Decke legen, anstatt bei Tisch zu betteln?

Management

Solange das neue Verhalten noch nicht eingeübt ist, sollten Sie Management betreiben.

Hunde, die immer wieder Erfolg mit einem Verhalten haben, werden dieses auch weiterhin zeigen. Wenn Ihr Hund Essen aus der Küche klaut, sollte diese ab jetzt entweder so gut aufgeräumt sein, dass Ihr Hund nichts klauen kann, oder die Küchentür bleibt zu.

Ihr Hund springt fremde Menschen draußen an? Dann bleibt er erst einmal an der Leine, bis Sie im Training soweit sind.

Vermeiden Sie die auslösenden Situationen so gut es geht. Gehen Sie in verkehrsberuhigte Gegenden, wenn Ihr Hund Autos jagt, und trainieren Sie dann in gestellten Situationen, die Sie steuern können.

Abbruchsignale

Ein gut aufgebautes Abbruchsignal kann Ihnen im Alltag auch helfen, Ihren Hund zu stoppen, wenn er gerade etwas Verbotenes tun möchte.

Sie brauchen ein Wortsignal, welches selten im allgemeinen Sprachgebrauch vorkommt. »Nein« eignet sich aus diesem Grund nicht besonders gut, besser sind Signale wie »No«, »Lass es« oder »Tabu«.

Dieses Signal wird immer dann gegeben, wenn der Hund sich gerade überlegt, etwas Verbotenes zu tun, die Motivation, aber noch nicht so hoch ist, dass er es schon durchführt. Er schaut z. B. Richtung Mülleimer, dann kommt Ihr Signal »Lass es« und wenn er sich dann abwendet, kommen Ihr Lob und die Belohnung.

Wichtig ist, dass er das Verhalten in dem Moment auch wirklich nicht zeigt, also arbeiten Sie zu Beginn über Managementmaßnahmen, bis Ihr Hund verstanden hat, was »Lass es« bedeutet.

Eine Absperrung kann manche Situationen deutlich entspannen und Ihr Hund kann nicht so viel verkehrt machen.

PROBLEMLÖSER

Gründe erkennen – Lösungen finden

Anti-Giftköder-Training

So frisst Ihr Hund nicht mehr alles, was er findet.

Ausgangssituation:

Verstreute Süßigkeiten, eine alte Brezel, Katzenkot und vielleicht sogar Plastikteile – Ihr Hund findet unterwegs alles Mögliche und frisst es. Manche Hunde nehmen einfach das mit, was Ihnen gerade unter die Nase kommt, andere suchen regelrecht die Wege ab. Dies kann im Fall von Giftködern oder unverdaulichen Dingen gefährlich werden oder ist im Fall von Kot einfach eklig.

Warum reagiert Ihr Hund so?

Wenn Hunde sich auf alles stürzen, was essbar (oder auch nicht) ist, kann dies folgende Gründe haben:

Hunger

Ein Hund, der zu wenig oder das falsche Futter bekommt und dadurch ständig Hunger hat, ist immer auf der Suche nach Essbarem. Dies beobachte ich besonders häufig bei Welpen, die »hochgehungert« werden sollen, damit sie nicht zu schnell wachsen und dadurch Probleme mit den Knochen bekommen könnten. Natürlich sollte man gerade bei großen Rassen darauf achten, dass diese nicht zu schnell in die Höhe schießen, das schafft man aber auch durch ein ausgewogenes Futter, mit dem der Hund satt wird.

Mangelernährung

Wird oft der Kot von anderen Hunden oder viel Erde gefressen, kann es daran liegen, dass Ihrem Hund Nährstoffe fehlen.

Stress

Stehen Hunde zu sehr unter Stress, kann dies bewirken, dass sie anfangen, alles Mögliche zu fressen. Meist geschieht dies sehr hektisch und die Hunde stürzen sich regelrecht auf alles Essbare. Manchmal auch auf Dinge, die nicht essbar sind.

Es schmeckt

Es gibt Hunde, die lieben es mehr als andere zu essen. Natürlich fallen einem schnell die üblichen »Staubsaugerrassen« wie Labrador oder Beagle ein. Aber auch anderen Hunden schmeckt es einfach, Kuhfladen, Pferdeäpfel oder Hinterlassenschaften von Katzen zu fressen. Gerade Katzenkot übt eine sehr große Anziehungskraft auf unsere Hunde aus, da er Lockstoffe enthält.

Schlechte Sozialisierung

Wenn Hunde unter schlechten Bedingungen aufwachsen, z. B. in einem Zwinger, ohne die Gelegenheit, die Umwelt zu erkunden und zu lernen, was essbar ist und was nicht, kann es dazu kommen, dass sie auch Steine, Plastik und Ähnliches essen.

Nichts vom Boden aufnehmen:

Auf das Signal »Tabu« oder »Nix da« hin soll Ihr Hund das liegen lassen, was er gerade nehmen möchte.

Das Training wird ganz kleinschrittig aufgebaut:

▶ Sie haben in der einen Hand ein gewöhnliches Leckerchen, in der anderen ein besonders gutes Leckerchen. Die Hand mit dem besonderen Leckerchen ist hinter Ihrem Rücken, die Hand mit dem gewöhnlichen Futter halten Sie dem Hund vor die Nase.

▶ Wenn Ihr Hund nun an das nicht so gute Leckerchen möchte, sagen Sie freundlich »Tabu« (oder »Nix da«) und warten einen Moment ab. In der Sekunde, in der sich Ihr Hund von der hingestreckten Hand abwendet, loben oder markern Sie und geben das richtig gute Leckerchen aus der anderen Hand.

Nach einigen Durchgängen werden Sie merken, dass Ihr Hund sich sofort auf das Signal hin abwendet. Dann wird es Zeit für den nächsten Schritt:

▶ Legen Sie das Leckerchen auf den Boden, schützen es aber noch mit Ihrer Hand und geben Sie das Signal »Tabu«. Ihr Marker kommt wieder genau in der Sekunde, in der sich Ihr Hund vom Leckerchen abwendet. Wiederholen Sie auch diesen Schritt so lange, bis sich Ihr Hund sofort abwendet.

▶ Dann lassen Sie die Übung Stück für Stück schwerer werden und nehmen die Hand über dem Leckerchen immer öfter und länger weg, bis Sie dieses offen liegen lassen können, ohne dass Ihr Hund es nimmt.

Wenn das gut klappt, ist der nächste Schritt ein etwas besseres Leckerchen auszulegen. Hier müssen Sie dies wieder zu Beginn mehr mit der Hand schützen, damit Ihr Hund das Leckerchen auf keinen Fall erwischt oder Sie sichern ihn über eine Leine.

Freuen Sie sich, wenn Ihr Hund etwas gefunden hat!

Die meisten Menschen rennen »Nein« und »Aus« schreiend hinter ihrem Hund her, wenn dieser etwas im Maul hat, was ihrer Meinung nach dort nicht hingehört.

Viel sinnvoller ist es aber, sich über die Dinge, die Ihr Hund findet, richtig zu freuen! Charly hat eine tote Maus im Maul? Sie loben ihn, was für ein tüchtiger Hund er ist, und bitten ihn, ob er Ihnen den tollen Fund zeigen kann. Dabei rennen Sie nicht hinter ihm her, sondern bleiben stehen, rufen freudig oder laufen sogar ein Stück von ihm weg. Wenn er zu Ihnen kommt, tauschen Sie die Beute mit einem »Gib's mir« ein. So bekommen Sie einen Hund, der Ihnen alles stolz zeigt und bringt, was er findet, und nicht mehr so schnell wie möglich wegrennt und alles »abschluckt«, was er gerade im Maul hat.

Aufbau »Tabu«:
Leckerchen hinhalten, »Tabu« sagen.
Hund lässt von dem Leckerchen ab, loben.
Besonders gutes Leckerchen aus der zweiten Hand
geben.

Generalisieren

Hunde sind schlecht im Generalisieren. Wenn Sie mit Ihrem Hund das »Sitz« vor ihm stehend im Wohnzimmer geübt haben, wird er es am besten genau in dieser Konstellation ausführen: Im Wohnzimmer, Sie stehen vor ihm und halten den Zeigefinger nach oben. Versuchen Sie es aber draußen, sitzen dabei und geben ihm kein Handzeichen, ist die Wahrscheinlichkeit hoch, dass er Sie mit großen, fragenden Augen anschaut und keine Ahnung hat, was Sie von ihm wollen.

Daher ist es so wichtig, an verschiedenen Orten, zu verschiedenen Zeiten und mit unterschiedlichsten Dingen zu üben. Wenn also die Grundübung zu Hause gut funktioniert, fangen Sie an, das Training nach draußen zu verlagern. Üben Sie auch mit verschiedenen Leckerchen und anderen essbaren Dingen.

Sie sollten in jedem Fall auch mit Semmeln, Fleischpflanzerln und Wiener

Auf einen Blick

▶ Langweiliges Leckerchen hinhalten
▶ Freundlich aber bestimmt »Tabu« sagen
▶ Hund nimmt sich zurück
▶ Marker und sehr gute Belohnung aus der anderen Hand geben
▶ Generalisieren: verschiedene Leckerchen an verschiedenen Orten
▶ Immer nur eine Sache auf einmal schwieriger machen

Würstchen üben, da dies genau die Dinge sind, die häufig mit Giftködern versehen werden.

Lassen Sie die Übung langsam immer schwerer werden und legen Sie am Wegesrand und im Gebüsch genauso aus, wie mitten auf dem Weg. Achten Sie hierbei darauf, dass Sie die Übung nie zu schwer machen, damit Ihr Hund sie immer schaffen kann. Sichern Sie entweder das Ausgelegte in einer Tupperbox oder Ihren Hund über eine Leine, damit er es auch tatsächlich nicht erwischen kann.

Merken Sie sich genau die Stellen, an denen Sie ausgelegt haben, Ihr Hund ist nämlich deutlich besser im Finden als Sie!

Gib's mir

Auf das Signal »Gib's mir« hin soll Ihr Hund alles wieder abgeben, was er gerade im Maul hat.

Zu Beginn sollten Sie diese Übung mit einem Spielzeug aufbauen, da dies häufig nicht ganz so hochwertig ist wie Futter.

Geben Sie Ihrem Hund ein Spielzeug oder warten Sie, bis er sich selbst eines holt und damit spielt. Dann halten Sie ihm ein gutes Leckerchen unter die Nase und sagen freundlich »Gib's mir« oder »Tauschen«. In der Regel lassen die Hunde ihr Spielzeug nun fallen, um an das Leckerchen zu gelangen. Loben Sie Ihren Hund und geben Sie ihm das

Aufbau »Gib's mir«:
Spielzeug halten, freundlich »Gib's mir« sagen.
Spielzeug gegen Leckerchen eintauschen.
Spielzeug zurückgeben.

Leckerchen. Dann bekommt Ihr Hund gleich das Spielzeug wieder und Sie spielen ein wenig mit ihm. Nach einiger Zeit wiederholen Sie die Übung. Ihr Hund soll lernen, dass es sich lohnt, wenn er Ihnen seine Schätze abgibt: Dafür bekommt er etwas richtig Schmackhaftes und danach seinen Schatz wieder zurück!

Wenn das mit einem Spielzeug gut funktioniert, können Sie es langsam ausweiten auf andere Dinge, die Ihr Hund findet. Wichtig ist hierbei immer, dass Sie Ihrem Hund – wenn möglich – das Eingetauschte wieder zurückgeben. Freuen Sie sich jedes Mal, wenn Ihr Hund Ihnen etwas bringt, und bewundern Sie es, auch wenn es ein Stock, ein Blatt oder vielleicht eine tote Maus ist. Wenn Sie das immer so handhaben, werden Sie einen Hund bekommen, der Ihnen gerne alles zeigt, was er findet, und auch problemlos abgibt!

Aufbau mit essbaren Dingen

Funktioniert das Signal »Gib's mir« gut mit Spielzeug, können Sie anfangen, mit essbaren Dingen zu trainieren.

Der Aufbau ist der gleiche wie beim Spielzeug: Geben Sie Ihrem Hund etwas zum Knabbern, was er nicht gleich abschlucken kann, z. B. einen Ochsenziemer oder einen Kauknochen. Wichtig ist, dass Sie es festhalten können, während Ihr Hund daran knabbert, und dass Ihr Hund keine Futteraggression hat! In dem Fall wenden Sie sich bitte für den Aufbau an einen positiv arbeitenden Trainer, denn hier müssen Sie anders trainieren.

Etwas so Tolles sollten Sie erst eintauschen, wenn Ihr Hund nicht ganz so hochwertige Dinge wirklich gerne abgibt.

Während Ihr Hund am Kauknochen nagt, halten Sie ihm etwas Gleichwertiges oder Besseres unter die Nase, sagen freundlich »Gib's mir« und tauschen den Kauknochen gegen etwas richtig Attraktives ein. Dann geben Sie den Kauknochen gleich zurück und lassen Ihren Hund in Ruhe fressen!

Hierbei ist ganz wichtig: Tauschen Sie immer mit etwas Gleich- oder Höherwertigem ein, tauschen Sie nur einmal und lassen Sie dann in Ruhe essen. Und beginnen Sie mit einem Kauknochen, den Ihr Hund nicht ganz so toll findet!

Üben Sie dies bitte nur maximal zwei- bis dreimal die Woche und geben Sie Ihrem Hund dazwischen auch immer wieder Kausachen, die er ohne Eintauschen ganz in Ruhe essen darf.

Aufbau »Gib's mir« mit essbaren Dingen:
Kauknochen geben und Hund kurze Zeit kauen
lassen.
Kauknochen festhalten, etwas gleichwertig Gutes
anbieten und »Gib's mir« sagen.
Kauknochen eintauschen, Hund dabei loben.
Kauknochen zurückgeben und den Hund in Ruhe
essen lassen.

Üben Sie dies zu häufig, kann es passieren, dass Sie Ihrem Hund eine Futteraggression antrainieren: Hunde, die sehr futtermotiviert sind und jedes Mal, wenn Sie ihren Lieblingsknochen bekommen, erst noch fünfmal tauschen müssen, bevor Sie in Ruhe essen können, finden das in der Regel irgendwann nicht mehr gut und verteidigen dann schnell ihren Knochen.

Stellen Sie sich vor, jedes Mal, wenn Sie Ihre Lieblingsnachspeise essen möchten, kommt jemand, gibt Ihnen ein Bonbon dafür und nimmt es Ihnen weg. Spätestens nach dem dritten Mal werden Sie sauer, auch wenn Sie dafür etwas anderes bekommen.

Giftköder

Häufig werden Giftköder in Fleischpflanzerln oder Wurst ausgelegt. Wenn Sie so etwas auf einem Spaziergang irgendwo liegen sehen, sollten Sie Ihren Hund sofort zurückhalten und überprüfen, ob der Köder präpariert ist. Halbiert man die Fleischpflanzerln oder die Wurst, kann man sehen, ob Rattengift (grünes, rotes oder blaues Granulat) darin enthalten ist oder auch Nägel, Rasierklingen und Scherben.

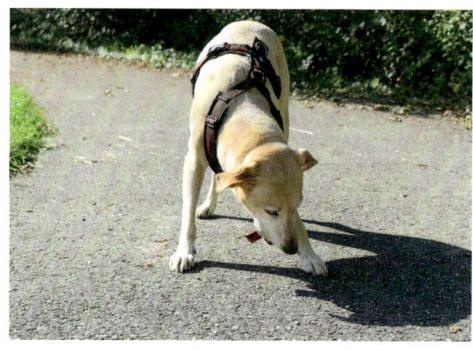

Im Internet können Sie sich informieren, wo die letzten Giftköder gefunden wurden. Es gibt verschiedene Seiten, die immer wieder aktualisiert werden. Auch in den sozialen Medien wird häufig über die neuesten Fälle berichtet. Bitte lassen Sie sich aber nicht zu sehr verrückt machen. Meiden Sie lieber die Gassi-Wege, an denen kürzlich Giftköder ausgelegt wurden, und lassen Sie Ihren Hund in sicheren Gegenden weiterhin ausgiebig schnüffeln. Dies gehört zu den Grundbedürfnissen eines Hundes. Wenn er vor lauter Angst, es könnte etwas Giftiges ausgelegt worden sein, gar nicht mehr seinem Hobby nachgehen darf, ist das auch kein schöner Spaziergang für den Hund.

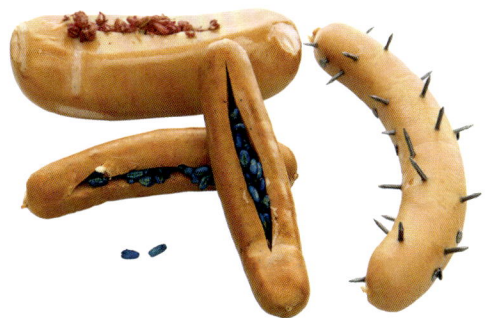

So könnten Giftköder aussehen.

Was tun, wenn …

… Sie einen Giftköder finden?

Am besten sichern Sie das Gefundene z. B. in einem Kotbeutel und bringen diesen zur Polizei. Geben Sie möglichst genau an, wo und wann Sie den Köder gefunden haben. Außerdem sollten Sie die Stelle so sichern oder reinigen, dass kein anderer Hund verletzt werden kann.

… Ihr Hund einen Giftköder im Maul hatte, aber noch nicht gefressen hat?

Fahren Sie in jedem Fall zu einem Tierarzt und lassen Sie Ihren Hund durchchecken. Am besten wäre es, wenn Sie den Köder mitbringen können, dann weiß der Tierarzt gleich, worauf behandelt werden muss. Bitte warten Sie nicht ab, ob Ihr Hund Symptome entwickelt, sondern wenden Sie sich sofort an Ihren Tierarzt. Einige Gifte wirken erst Tage später und dann ist es meist schon zu spät.

… der Verdacht besteht, dass Ihr Hund einen Giftköder gefressen hat?

Schnelles Handeln ist angesagt. Zunächst sammeln Sie eventuelle Reste des Köders auf und nehmen diese mit zum Tierarzt, und zwar umgehend! Falls es keine Reste mehr gibt, Ihr Hund sich aber bereits erbrochen hat, sammeln Sie das Erbrochene ein und nehmen es mit. Alles, was dem Tierarzt Aufschluss darüber geben kann, um welches Gift es sich handelt, ist wichtig. Markieren Sie die Stelle, damit andere Hundehalter gewarnt werden oder bitten Sie andere Hundehalter, dies zu tun. Je schneller Sie zum Tierarzt kommen, desto höher ist die Chance, dass Ihr Hund das Gift überlebt. Ganz wichtig ist, dass Sie nicht selbst versuchen, den Hund zum Erbrechen zu bringen. Je nachdem, was der Hund gefressen hat, könnten Sie die Situation dadurch verschlechtern.

Trennungsstress beim Hund

Was tun, wenn Ihr Hund nicht alleine bleiben kann?

Wenn Ihr Hund so viel zerstört, ist der Trennungsstress sehr hoch.

Ausgangssituation:

Wenn Sie das Haus verlassen, bellt und jault Ihr Hund. Bei seinen Anstrengungen, nach draußen zu kommen, zerkratzt oder zerbeißt er Türen oder Fenster. Im schlimmsten Fall uriniert oder kotet Ihr Hund sogar in die Wohnung oder ins Haus. Andere Hunde leiden stiller. Sie liegen so lange vor der Haustür, bis Sie wieder daheim sind, oder laufen die ganze Zeit unruhig durchs Haus und hinterlassen dabei Abdrücke der Schweißpfoten. Wieder andere Hunde fangen an, sich

die Pfoten aufzubeißen, oder lecken sich Wund. All dies sind Stresssymptome, die Ihnen zeigen, dass Ihr Hund Trennungsstress hat.

Warum reagiert Ihr Hund so?

Für einen Hund ist es nicht natürlich, alleine zu bleiben, schon gar nicht, wenn er dabei räumlich begrenzt wird. Bei Welpen sorgt der Trennungsstress dafür, dass sie sich instinktiv nie weit von den erwachsenen Tieren oder den Wurfgeschwistern wegbewegen, da dies in der Natur tödlich enden kann. Sie lernen erst später, sich langsam abzunabeln.

Bei unseren Haushunden ist häufig das Problem, dass sie zu schnell und zu früh von der Mutter und den Wurfgeschwistern getrennt werden, was im späteren Leben den Trennungsstress begünstigt. Wenn ein junger Hund dann nicht langsam an das Alleinsein gewöhnt wird, sondern auf einmal zu lange allein zurückbleiben muss, schafft er es häufig nicht.

Es ist jedoch nie Trotz! Seien Sie also nicht wütend auf Ihren Hund, wenn er die Möbel und Türen angenagt hat. Ihr Hund stand in dem Moment unter großem Stress und hat all dies nicht getan, um Ihnen eins auszuwischen.

Grundsätzlich ist eine Analyse wichtig, warum Ihr Hund nicht alleine bleiben kann.

Manche Hunde versuchen sogar, sich durch Türen zu fressen, damit sie nicht mehr alleine sind.

Wenn man den genauen Grund weiß, kann man schon vor dem Training »Managementmaßnahmen« ergreifen, um es dem Hund leichter zu machen.

Gründe für den Trennungsstress können sein:

▶ Der Hund hat es nie gelernt und wurde zu früh zu lange alleine gelassen

▶ Umzug oder Verlust der vertrauten Umgebung

▶ Krankheit (Schilddrüse, Diabetes, Blindheit, Taubheit und einiges mehr)

▶ Halterwechsel

▶ Veränderter Tagesablauf

▶ Wegfallen eines Sozialpartners (z. B. durch eine Trennung der Halter oder den Tod einer Bezugsperson oder eines tierischen Gefährten)

▶ Zu häufiges Alleinlassen des Hundes

▶ Langeweile: Hunde, die komplett unterfordert sind, suchen sich selbst ein Ventil für ihre Energie

▶ Alter: Alte Hunde möchten häufig nicht mehr gerne alleine bleiben – dies ist nicht trainierbar! Entwickelt ein Hund aufgrund seines Alters eine Trennungsangst, geht kein Weg daran vorbei, den Tag für ihn zu managen, d. h. ihn z. B. mit zur Arbeit zu nehmen oder einen Hundesitter zu engagieren.

Entspanntes Alleinbleiben muss häufig erst gelernt werden.

Trainingsablauf:

Das Training wird sehr kleinschrittig aufgebaut und Sie werden – je nach Hund – viel Geduld brauchen. Wichtig ist, dass Sie Ihren Hund erst alleine lassen, wenn er sauber trainiert ist. Bis dahin sollten Sie ihn entweder mitnehmen oder einen Hundesitter organisieren, denn jedes Mal, wenn er wieder in den Trennungsstress fällt, werden Sie Rückschritte im Training machen.

Außerdem sollten Sie vor dem Training herausfinden, was der Grund für den Trennungsstress ist. Ist der Grund ein medizinischer, müssen Sie Ihren Hund erst einmal behandeln lassen, bevor Sie mit dem Training anfangen. Ist es Langeweile oder weil Sie Ihren Hund zu oft und zu lange alleine lassen, sollten Sie Ihren

Tagesablauf so ändern, dass Ihr Hund alters- und wesensgerecht ausgelastet ist und nicht länger als 4–5 Stunden am Tag alleine ist.

Wenn alles abgeklärt ist, können Sie mit dem Training anfangen. Als erstes sollten Sie herausfinden, ab wann Ihr Hund erste Anzeichen von Trennungsstress zeigt. Dies kann schon der Fall sein, wenn Sie den Haustürschlüssel in die Hand nehmen, sich die Schuhe anziehen oder die Haustür öffnen. Wenn Ihr Hund Sie z. B. bereits nicht mehr aus den Augen lässt und parat steht, sobald Sie Ihre Jacke vom Haken nehmen, gehen Sie wie folgt vor:

Mehrmals am Tag nehmen Sie die Jacke vom Haken und hängen sie wieder zurück, ohne das Haus zu verlassen. Wenn das der erste Auslöser ist, wiederholen Sie diesen Schritt über den Tag verteilt so oft, bis Ihr Hund nicht mehr reagiert. Dann wiederholen Sie es noch einige Male. Bleibt Ihr Hund weiterhin entspannt, suchen Sie sich den nächsten Auslöser, häufig ist dies das Öffnen der Haustür. Also drücken Sie über den Tag verteilt immer wieder die Haustürklinke runter und machen dann mit den Dingen weiter, mit denen Sie gerade beschäftigt waren. Auch das wiederholen Sie so häufig, bis es Ihren Hund nicht mehr interessiert. Und so arbeiten Sie sich langsam voran, bis Sie das Haus verlassen können, ohne dass Ihr Hund unruhig wird.

Ab diesem Moment führe ich ein kurzes Signal ein, das den Hunden sagt: Ich gehe kurz weg, komme aber in jedem Fall wieder. D.h. ich sage etwas wie »Bin gleich

Sagen Sie Ihrem Hund immer dasselbe, z. B. »Schön warten«, verlassen Sie ganz kurz die Wohnung und kommen Sie direkt wieder zurück.
Fangen Sie mit sehr kurzen Einheiten an.

wieder da« und verlasse dann das Haus und komme sofort wieder.

Dann können Sie ganz langsam die Zeit, die Sie nicht im Haus sind, ausdehnen. Gehen Sie hier bitte zu Beginn wirklich sehr kleinschrittig vor und dehnen Sie die Zeit immer nur um ein paar Sekunden weiter aus.

Ab diesem Punkt lohnt sich die Investition in eine Kamera, über die Sie Ihren Hund beobachten können. Sie sollten immer versuchen, wiederzukommen, bevor Ihr Hund wirklich unruhig wird oder sich wartend vor die Haustür legt. Sollte dies einmal der Fall sein, dann kommen Sie in der nächsten Übungseinheit wieder etwas früher zurück.

Auf einen Blick

▶ Finden Sie heraus, welche Auslöser es gibt
▶ Trainieren Sie an den Auslösern – z. B. Schlüssel in die Hand nehmen – bis Ihr Hund nicht mehr reagiert
▶ Bearbeiten Sie so alle Auslöser, bis Sie das Haus verlassen können
▶ Verlängern Sie die Zeit draußen zu Beginn sehr langsam
▶ Nutzen Sie eine Videoüberwachung
▶ Wenn nicht trainiert wird, bleibt Ihr Hund nicht alleine

Was, wenn es nicht klappt?

Sollten Sie keinerlei Erfolge mit dem Training haben, müssen Sie entweder das Training in noch kleinere Schritte unterteilen, sich mehr Zeit dafür nehmen oder überprüfen, ob tatsächlich keine gesundheitlichen Probleme dahinterstecken.

Zusätzlich können Sie folgende Dinge probieren: Lassen Sie den Fernseher oder das Radio laufen. Wenn es ganz still ist im Haus, wird Ihr Hund schneller auf Geräusche reagieren und schlechter zur Ruhe kommen. Lassen Sie am Abend das Licht an. Viele Hunde bleiben besser alleine, wenn es nicht stockdunkel ist. Denken Sie gerade auch im Winterhalbjahr und der früh einsetzenden Dunkelheit daran.

Sie können parallel ein Training über Entspannungsmusik oder einen Entspannungsduft aufbauen, das Sie dann einsetzen, wenn Sie das Haus verlassen. Dazu lassen Sie immer die gleiche Musik laufen oder legen Ihrem Hund ein Tuch mit z. B. Lavendelduft neben seine Decke, wenn er sich gerade entspannt. Machen Sie die Musik aus oder nehmen Sie das Tuch weg, wenn wieder Action angesagt ist.

Das müssen Sie mindestens vier Wochen lang trainieren, damit Ihr Hund die Musik oder den Duft auch wirklich mit »Entspannung« verknüpft. Achten Sie bei dem Duft darauf, dass er sehr stark verdünnt ist, sonst wird es für die feine Hundenase unangenehm. Und es sollte ein Duft sein, den Ihr Hund als angenehm empfindet. Ist diese Einheit gut aufgebaut, können Sie diese mit ins Training einfließen lassen und zusätzlich einsetzen, wenn Sie das Haus verlassen.

Das sollten Sie auf keinen Fall tun!

Bitte sperren Sie Ihren Hund auf keinen Fall in eine Box. Da kann er zwar nichts mehr kaputt machen, hat aber immer noch großen Stress, wenn Sie nicht da sind. Es löst sein Problem nicht, sondern wird es sogar noch verschlimmern. Egal wie groß die Box ist – sie bietet nicht genügend Raum, um einen Hund dort über längere Zeit zu »verwahren«.
Versuchen Sie auch nicht, es auszusitzen, wenn Ihr Hund anfängt zu bellen. Ist es nur ein kurzes Hinterherwuffen, können Sie warten und beobachten, ob er sich doch noch entspannt. Bellt sich Ihr Hund jedoch richtig ein, sollten Sie ihn keinesfalls alleine lassen. Bellen stresst Ihren Hund enorm und wird das Verhalten nur schlimmer machen. Haben Sie dabei immer im Kopf, dass Ihr Hund in Not ist und Sie nicht damit ärgern möchten!
Ein absolutes No Go sind sogenannte Anti-Bellhalsbänder. Diese werden den Hunden umgeschnallt und sobald sie bellen, bekommen Sie entweder ein Citrus Spray ins Gesicht gesprüht, erhalten einen leichten Stromschlag oder ein unangenehmer Ton ertönt. Für mich gehören diese Dinger zu den Folterinstrumenten. Stromhalsbänder sind in Deutschland verboten. Bei dieser Me-

Einen Hund in eine Box sperren, löst seine Trennungsangst nicht und ist zudem unmenschlich.

thode lernen die Hunde nicht, entspannt zu Hause auf Sie zu warten, sondern das unerwünschte Verhalten wird mittels Gewalt unterdrückt. Die Gemütslage des Hundes bleibt im Stressmodus und wahrscheinlich wird er das Alleinebleiben jetzt als noch schlimmer empfinden als zuvor.

Klingeltraining

So bleibt Ihr Hund cool, wenn es klingelt.

Ausgangssituation:

»Bellen auf Knopfdruck« – wenn es an der Tür klingelt, rennt Ihr Hund hin und bellt aus Leibeskräften. Sie bekommen die Tür kaum auf und Ihr Besuch hat keine Chance, in Ruhe Ihre Wohnung zu betreten, weil Ihr Hund entweder versucht, den Besucher zu verbellen, und sich nach vorne drängt oder weil er versucht, den Besuch freudig zu begrüßen. In jedem Fall herrscht in einigen Hundehaushalten ein ziemliches Chaos, sobald es an der Tür klingelt.

Warum reagiert Ihr Hund so?

Viele Hunde haben gelernt, dass Besuch kommt, wenn es klingelt. Das bedeutet meist Aufregung und Aufmerksamkeit für den Hund. Manche Hunde wollen einfach nur Bescheid geben, dass da jemand an der Tür ist. Andere freuen sich wahnsinnig drüber, dass Menschen kommen, und gerade die »gesprächigeren« Rassen wie Chihuahua, Sheltie oder Zwergspitz können sich da sehr ausdauernd äußern. Natürlich spielt bei vielen Hunden auch die Territorialität eine Rolle. Die Klingel kündigt jemanden an, der in den eigenen Bereich kommen möchte, und dieser wird verteidigt. Der Postbote ist ein schönes Beispiel, an dem Hunde das Vertei-

Wenn Besuch kaum zur Tür reinkommt, weil Ihr Hund diesen anspringt, wird es Zeit für Training.

digen ihres Territoriums jeden Tag üben können und damit auch immer Erfolg haben: Der Postbote kommt und klingelt vielleicht sogar, Ihr Hund bellt und jedes Mal verschwindet der Postbote wieder. Aus Sicht Ihres Hundes hat er mit dem Bellen alles richtig gemacht.

Wenn Ihr Hund nur kurz anschlägt, um Bescheid zu sagen, dass da jemand ist, ist das auch vollkommen in Ordnung. Das Bellen gehört zum Ausdrucksverhalten Ihres Hundes dazu. Schwierig wird es, wenn Ihr Hund sich zu sehr reinsteigert und nicht mehr aufhört mit dem Bellen oder Sie kaum zur Tür kommen, da Ihr Hund im Weg ist. Und je nach Größe Ihres Hundes kann es für den Besucher auch unangenehm sein, bellend begrüßt zu werden. Es ist einfach etwas anderes, wenn ich in ein Haus komme und ein bellender Hovawart steht vor mir, als wenn ein bellender Zwergspitz herumhüpft. Ernst nehmen und trainieren sollte man beide.

Zoey ist immer als erste an der Tür und es ist kaum möglich, diese zu öffnen.

Trainingsablauf:

Ihr Ziel ist es, dass Ihr Hund auf seine Decke geht, wenn es klingelt und dort ruhig wartet, bis der Besuch in der Wohnung ist. Die Klingel wird also zum Signal »Auf die Decke«. Um das zu erreichen, müssen wir das Training in viele kleine Schritte unterteilen und diese nach und nach zusammensetzen. Weiter unten ist das Signal »Auf die Decke« beschrieben. Wenn Ihr Hund dies noch nicht kann, sollten Sie es parallel zum Klingeltraining aufbauen.

Aufbau Deckentraining

Für das Klingeltraining ist es hilfreich, wenn Ihr Hund das Signal »Auf die Decke« kennt. Dies wird wie folgt aufgebaut:

▶ Ihre Hand zeigt auf die Decke, Sie geben freundlich das Signal »Auf die Decke« und locken den Hund ggf. mit einem Leckerchen auf die Decke.

▶ Dort loben und belohnen Sie Ihren Hund.

▶ Dies wiederholen Sie, bis Ihr Hund auf das Signal hin auf seine Decke geht.

▶ Dann geben Sie das Signal »Bleib« auf der Decke (muss Ihr Hund schon vorher können) und gehen Richtung Haustür, öffnen aber noch nicht die Tür.

▶ Dies wiederholen Sie so oft, bis Ihr Hund es schafft, ruhig auf seinen Platz zu gehen und dort auch zu bleiben, bis die Tür geöffnet ist. In den ersten Schritten der Übung steht noch kein Besuch vor der Tür.

Zu Beginn fangen Sie sehr einfach an. Sie betätigen selbst die Klingel, während Ihr Hund neben Ihnen steht. Er bekommt sofort ein Leckerchen, am Anfang ist es nicht schlimm, wenn er kurz bellt. Das wiederholen Sie so oft, bis Ihr Hund erwartungsvoll und ruhig zu Ihnen schaut, sobald Sie klingeln.

Machen Sie eine Pause und wiederholen Sie diesen Schritt etwas später noch mal. Wenn Ihr Hund nun immer ruhig bleibt, wenn Sie selbst klingeln, brauchen Sie eine Hilfsperson. Die Tür ist jetzt geschlossen und die Hilfsperson klingelt. Ihr Hund bekommt wieder sofort von Ihnen ein Leckerchen, Sie öffnen die Tür aber nicht! Auch dies wird nach einer Pause öfter wiederholt.

Wenn das mindestens zehn Mal gut geklappt hat, wird das Leckerchen sofort nach einem Klingeln von der Tür weg nach hinten geworfen, damit Ihr Hund hier schon lernt, sich, sobald es klingelt, von der Tür weg zu bewegen.

Achten Sie darauf, dass Sie nicht zu schnell vorgehen und zu viel auf einmal von Ihrem Hund verlangen. Je kleiner die Schritte sind, in die Sie die Übung unterteilen, desto schneller kann Ihr Hund lernen.

Für die Härtefälle:

Manche Hunde regen sich extrem auf und steigern sich so hoch, sobald es klingelt, dass das oben beschriebene Trai-

Zeigen Sie auf die Decke und geben Sie freundlich das Signal »Auf die Decke«. Sobald Ihr Hund dort ist, loben und belohnen Sie ihn auch genau dort. Danach folgt das wahrscheinlich schon einmal geübte Signal »Bleib«.

ning nicht greifen kann. Wenn Ihr Hund zu diesen Exemplaren gehört, können Sie wie folgt vorgehen: Nehmen Sie Ihre Haustürklingel auf Ihrem Handy auf und fahren Sie an einen Ort, an dem Ihr Hund die Klingel nicht mit Aufregung verbindet. Sie können z. B. mit ihm in den Wald fahren oder auf eine Wiese. Hier spielen

Auf einen Blick

▶ Selbst klingeln
▶ Sofort Leckerchen geben
▶ So oft wiederholen, bis Ihr Hund zuverlässig ruhig bleiben kann
▶ Hilfsperson bitten zu klingeln, selbst sofort Leckerchen geben, Tür bleibt zu
▶ Wenn das gut klappt: klingeln, Leckerchen in den Flur werfen
▶ Wenn das gut geht: klingeln, Hund auf die Decke schicken

Sie die Klingel erst leise und dann nach und nach immer lauter ab.

Nun geben Sie Ihrem Hund jedes Mal, wenn Ihr Handy die Türklingel imitiert, ein Leckerchen. Wenn das nach einiger Zeit draußen gut funktioniert, können Sie damit beginnen, das Training schön langsam in Richtung nach Hause zu verlegen. Gehen Sie auch hier in kleinen Schritten vor, spielen Sie die Klingel kurz vor Ihrem Haus ab, dann im Garten oder Hauseingang und erst wenn das alles gut klappt, üben Sie in Ihrer Wohnung oder Ihrem Haus weiter. Hunde lernen sehr ortsbezogen, d. h. die Aufregung mit der Klingel ist in der Regel nur mit Ihrem Wohnort verknüpft. Wenn wir diese Verknüpfung jetzt entkoppeln und dann langsam an den ursprünglichen Ort zurückverlegen, kann es Ihnen und Ihrem Hund helfen, im Training erfolgreich zu sein.

Zu Beginn klingeln Sie selbst und belohnen Ihren Hund sofort. Nach einigen Wiederholungen hat Ihr Hund verstanden, dass die Türklingel etwas Tolles ankündigt und wird Sie erwartungsvoll aber ruhig anschauen.

Der nächste Schritt

Vor dem nächsten Schritt sollte Folgendes gut klappen: Die Hilfsperson kann klingeln, Ihr Hund bleibt ruhig und weiß auch schon, dass er sich beim Klingeln von der Tür wegbewegen soll. Außerdem haben Sie geübt, dass Ihr Hund, ohne dass es klingelt, auf seiner Decke bleiben kann, wenn Sie zur Tür gehen und diese öffnen.

Jetzt wird es Zeit, die zwei Dinge zu verknüpfen. Eine Hilfsperson klingelt und Sie schicken Ihren Hund mit dem Signal »Auf die Decke« zu seinem Platz. Belohnen Sie ihn auf seinem Platz, öffnen aber noch nicht die Tür. Wiederholen Sie dies öfter, bevor Sie die Tür das erste Mal öffnen. Arbeiten Sie auch hier wieder in kleinen Schritten. Öffnen Sie die Tür zu Beginn nur ein kleines Stück, schließen Sie sie gleich wieder und belohnen Sie Ihren Hund. Arbeiten Sie sich langsam vor, bis Ihr Hund ruhig auf seiner Decke liegen bleiben kann, während Sie die Hilfsperson ins Haus lassen.

Generalisieren

Wenn die oben genannten Schritte mit der Hilfsperson gut funktionieren, fangen Sie an zu generalisieren. Das bedeutet, dass zu verschiedenen Tageszeiten geklingelt wird, verschiedene Menschen vor der Tür stehen und diese mal reinkommen und mal nicht. Denken Sie daran, dass es notwendig sein kann, bei einer neuen Person wieder einige Schrit-

te im Training zurückzugehen, damit Ihr Hund die neue Situation genauso sicher meistern kann. Unsere Hunde sind nicht besonders gut im Generalisieren, daher geben Sie Ihrem Hund die Chance, das Gelernte auch in anderen Situationen umzusetzen.

Management

Bis Sie so weit sind, dass Ihr Hund nicht mehr beim Klingeln ausrastet, sollten Sie Management betreiben, damit Sie sich Ihr eigenes Training nicht kaputt machen.

Sie können Ihren Besuch bitten, anzurufen anstatt zu klingeln oder Bescheid zu geben, um welche Zeit er genau bei Ihnen ist. Wenn Sie einen sehr schlauen Hund haben, sollten Sie Ihren Klingelton ab und zu ändern, damit er diesen nicht mit Besuch verknüpft und dann schon beim Klingeln des Handys anfängt zu reagieren.

Sprechen Sie mit Ihrem Postboten und vereinbaren Sie eine Abstellgenehmigung. So verhindern Sie, dass Ihr Hund sein Bell-Ritual täglich einüben kann.

Bringen Sie ein Schild an Ihrer Haustür an, mit der Bitte, einen Moment Geduld zu haben, da Ihr Hund und Sie gerade beim Üben sind. Ich habe einmal ein tolles Foto gesehen. Darauf war der Eingang eines Hauses zu sehen, daneben stand ein gemütlicher Stuhl, eine Kanne mit Tee für den Besucher und ein Schild, auf dem stand: »Machen Sie es sich bequem, mein Hund und ich üben noch. Nachdem wir beide noch nicht so gut im Training sind, kann es einen Moment dauern.« Ich hielt das für eine wunderbare Idee.

Jogger jagen

Den Hund vom Reiz bewegter Ziele abbringen

Ausgangssituation:

Sie gehen ganz entspannt mit Ihrem Hund spazieren, als sich plötzlich von hinten ein Jogger nähert. Ihr Hund sprintet sofort los, jagt hinter dem Jogger her und verbellt ihn sogar.

Der Einfachheit halber reden wir in diesem Kapitel nur über Jogger, es lässt sich aber grundsätzlich auch auf Radler oder Objekte, die sich schnell bewegen, wie Skater, Autos und Motorradfahrer und dergleichen mehr, übertragen.

Warum reagiert Ihr Hund so?

Manche fangen schon in der Pubertät damit an, also ab ca. dem siebten Monat. Bis dahin fand Ihr Vierbeiner vielleicht Jogger uninteressant – doch dann kommt plötzlich der Tag, an dem Ihr Junghund das erste Mal einem Jogger hinterherrennt. Die Gründe sind vielfältig.

Die Rasse kann ausschlaggebend sein für dieses Verhalten. Wenn Sie Halter eines Hütehundes sind wie z. B. Border Collie,

Australien Shephard & Co, kann das Jagen von sich schnell bewegenden Menschen ein umgerichtetes Hüteverhalten sein. Bei manchen Hunden geht dies soweit, dass sie auch Autos und Zügen hinterherjagen, was sehr gefährlich werden kann.

Ein weiterer Faktor, der oft eine große Rolle spielt, ist Stress. Wenn Ihr Tier gestresst ist, wird es ein solches Verhalten deutlich öfter und stärker zeigen, als wenn es entspannt ist. Daher sollten Sie in jedem Fall überprüfen, ob Ihr Hund zu viel oder zu wenig ausgelastet ist. In der Regel ist es eher ein zu viel an Beschäftigung, z. B. viele aufputschende Wurfspiele oder ein anstrengender Alltag, in dem Ihr Hund nicht genügend zur Ruhe kommt. Erwachsene Hunde brauchen in der Regel 15 bis 18 Stunden Ruhephasen und Schlaf am Tag. Wenn Sie in einem

Haushalt leben, in dem sehr viel los ist und wo Ihr Tier keine ausreichenden Ruhezeiten bekommt, steigt der Stresspegel und begünstigt so nicht erwünschtes Verhalten wie das Jagen von Joggern.

Es ist wichtig, Stress erkennen zu können. Hier im Bild handelt es sich um ein »Stressgesicht«.

Stress beim Hund

Das kennen Sie vielleicht auch von sich selbst: Sie kommen nach einem anstrengenden Arbeitstag nach Hause und haben noch nicht den Mantel abgelegt, da fragt Ihr Partner, ob Sie noch schnell den Müll rausbringen könnten. Sie reagieren ungehalten, entgegnen vielleicht viel zu heftig, dass Sie ja IMMER den Müll rausbringen und NIE jemand an Sie und Ihre Bedürfnisse denken würde …

Fair ist das natürlich in dem Moment nicht, aber Stresshormone lassen uns nicht immer klar denken und reden.

Und genau das passiert auch bei Ihrem Hund. Wenn er nicht genügend Schlaf hatte, vielleicht durch Hetzspiele sehr hochgedreht ist, dann kann eines der Ventile sein: sich schnell bewegende Objekte oder Personen zu hetzen.

Je gestresster Ihr Hund ist und je schneller der Jogger oder Radler vorbeikommt, umso heftiger ist die Reaktion. Wenn Ihr Hund also dieses Verhalten zeigt, sollten Sie zunächst überprüfen (oder von einem Trainer überprüfen lassen) wie (un-)entspannt Ihr Hund ist.

Management:

Solange Ihr Hund noch nicht gelernt hat, Radler und Jogger in Ruhe zu lassen, müssen Sie Management betreiben. Dies bedeutet, dass Sie Ihren Liebling auf jeden Fall so lange an der Leine führen, bis Sie sich sicher sind, dass er keine sich rasch bewegenden Menschen oder Objekte jagt.

Das ist aus zwei Gründen wichtig:

▶ Sicherheit geht vor und momentan können Sie nicht dafür garantieren, dass Ihr Hund nicht doch die Verfolgung aufnimmt. Auch wenn Ihr Tier dem Jogger nichts tut, kann es gefährlich werden, wenn Jogger oder Radfahrer zu Fall gebracht werden. Außerdem ist es für die meisten Menschen ziemlich unangenehm, von einem Hund gehetzt zu werden.

▶ Sie sollten außerdem unbedingt verhindern, dass Ihr Hund immer wieder in das »Verfolgungsmuster« kippt. Je öfter er dies tut, desto mehr festigt sich das Verhalten. Ohne Leine haben Sie dann keine Eingriffsmöglichkeiten.

Eine weitere Management-Maßnahme ist, Joggern zunächst auszuweichen, sodass Ihr Hund die Situation gut und ohne entsprechenden Reiz bewältigen kann. Gehen Sie zu Zeiten oder an Plätze, wo nicht so viel los ist. Am sinnvollsten ist es, gerade am Anfang das Training so zu gestalten, dass Sie die Situation nachstellen, um die Stresssituation üben zu können. Nutzen Sie dafür Hilfspersonen, die mit Hunden vertraut sind und die Sie in die Übungsschritte einbinden können.

Trainingsablauf:

Sichern Sie Ihren Hund mit Brustgeschirr und Leine und weichen Sie so weit aus, dass er ruhig bleiben kann, wenn ein Jogger vorbeiläuft.

Hier kommt es darauf an, wie stark ihr Hund in der Regel reagiert. Je stärker seine Reaktion, desto mehr Abstand brauchen Sie beide. Seien Sie weder mit Lob noch mit den Leckerchen sparsam und nutzen Sie eine sehr hochwertige Belohnung, z. B. Wurst oder Käse oder etwas anderes, was Ihr Hund richtig toll findet. Das Lob sollte allerdings ruhig und entspannt kommen und Ihren Hund nicht noch zusätzlich hochpuschen.

Bitten Sie Ihre Hilfsperson vorbeizulaufen, anfangs etwas langsamer. In dem Moment, in dem Ihr Hund den Menschen wahrnimmt, aber noch ruhig bleibt, loben und belohnen Sie ihn, auch wenn der Jogger noch weiter entfernt ist.

Der Abstand zum Jogger sollte groß genug sein. In dem Moment, in dem Ihr Hund den Jogger sieht und ruhig bleibt, kommen Lob und Leckerchen.

Das brauchen Sie:

Hilfsperson

Sehr gute Leckerchen

Großer Abstand

Aufbau des Trainings:

▶ Hund nimmt Jogger/Radler wahr

▶ Loben & Belohnen

▶ Jogger/Radler ist auf gleicher Höhe

▶ Loben & Belohnen

▶ Jogger/Radler ist vorbei

▶ Loben & Belohnen

Dieser erste Moment ist besonders zu Beginn des Trainings wichtig. Bitte warten Sie nicht ab, ob Ihr Hund reagiert oder vielleicht doch ruhig bleibt, sondern belohnen Sie ruhiges Verhalten sofort beim ersten Auftauchen des Joggers.

Das nächste Lob und die Belohnung kommen spätestens in dem Moment, in dem der Jogger auf Ihrer Höhe ist und dann noch einmal, wenn er vorbeigelaufen ist.

Wenn das gut funktioniert, können Sie den Schwierigkeitsgrad der Übung langsam erhöhen. Sie haben zwei Möglichkeiten: Ihr Hund befindet sich näher am Jogger oder dieser bewegt sich deutlich schneller an Ihnen vorbei. Bitte erhöhen Sie immer nur eine Schwierigkeit. Entweder Sie sind näher dran, dann bewegt sich Ihr Trainingspartner im gleichen Tempo wie vorher. Oder Sie bleiben in der gleichen Entfernung stehen wie im ersten Durchgang – und der Trainingspartner bewegt sich schneller an Ihnen vorbei.

Ihr Hund lernt so, dass es sich viel mehr lohnt, ruhig bei Ihnen zu bleiben als den Jogger zu jagen.

Am besten wäre es, wenn Sie dies mit Freunden in einer kontrollierten Umgebung üben könnten. So ist es möglich, Ihre Helfer direkt zu instruieren, schneller oder langsamer zu laufen. Auch den Abstand können Sie so besser wählen.

Versucht Ihr Hund den Jogger doch zu jagen, erhöhen Sie den Abstand wieder und gehen in kleineren Schritten vor. Oder Sie gönnen sich allen eine Trainingspause.

Führen Sie Ihren Hund immer auf der entgegengesetzten Seite zum Jogger.

Gegenseitige Rücksichtsnahme

Ein Beispiel: Von hinten kommt ein Jogger auf leisen Sohlen oder ein Radler, den ich einfach nicht gehört habe, und passiert meine Hündinnen und mich in schnellem Tempo. Sowohl die Mädels als auch ich erschrecken dann ziemlich. Und ja, ich ärgere mich auch darüber, denn zumindest eines meiner Mädels hört nicht mehr gut und ich kann sie nicht immer schnell genug in Sicherheit bringen. Ich habe Angst, dass sie überfahren wird oder jemand über sie stolpert. Jetzt könnte ich natürlich sagen: Alle Radler und Jogger sind rücksichtslos und selbst schuld, wenn ein Hund sie jagt. Das wäre aber wenig zielführend, denn ich kenne aus Gesprächen mit Freunden auch die andere Seite, die der Nicht-Hundehalter, eben Jogger und Radfahrer.

Manche wissen gar nicht, dass es schwierig sein kann, seinen Hund so schnell abzurufen, oder denken einfach nicht daran. Eine Freundin war sehr überrascht, als ich ihr erklärte, dass es gut ist, wenn sie klingelt, bevor sie an einem Hund vorbeiradelt. Damit hat der Halter die Chance, seinen Hund zu sich zu holen. Sie aber wollte rücksichtsvoll sein und hat nicht geklingelt, um den Hund nicht zu erschrecken.

Daher reden Sie mit Ihren radelnden und joggenden Mitmenschen und erklären Sie, warum es hilfreich ist, sich bemerkbar zu machen, statt mit Hochgeschwindigkeit an Mensch und Hund vorbeizupreschen.

Durch gegenseitige Rücksichtnahme wird das Leben gleich viel leichter.

Umgekehrt ist es genauso wichtig, dass wir Hundehalter auf andere Menschen Rücksicht nehmen. Das bedeutet, dass Hunde, die noch nicht abrufbar sind und Radler oder Jogger jagen, an die Leine gehören.

Sollte es doch einmal vorkommen, dass Ihr Hund hinter einem Menschen herjagt oder ihn sogar anspringt, dann bitte nicht aus der Entfernung rufen »Meiner tut nix«. Stattdessen sichern Sie Ihren Hund so schnell wie möglich und entschuldigen Sie sich höflich, auch wenn der andere sehr aufgebracht ist.

Im Gegenzug würde ich mir in so einem Fall von den Nicht-Hunde-Besitzern wünschen, nicht weiter zu schimpfen, sondern zu verstehen, dass Menschen und Tier vielleicht eine Situation falsch einschätzten und man seinen Hund nicht immer schnell genug abrufen kann. Deeskalation tut Mensch und Hund gut.

Aggression gegen Hunde
Wenn Ihr Hund andere Hunde angreifen will.

Ausgangssituation:

Aufgestelltes Nackenhaar, gefletschte Zähne, Knurren, Bellen, Zerren an der Leine – manche Hunde sind nicht besonders gut auf andere Hunde zu sprechen.

Warum reagiert Ihr Hund so?

Das kann sehr unterschiedliche Gründe haben:

▶ Ihr Hund hat schlechte Erfahrungen mit anderen Hunden gemacht, wurde evtl. gemobbt, über den Haufen gerannt oder auch gebissen. Nun denkt er sich, dass Angriff die beste Verteidigung ist.

▶ Ihr Hund hat Schmerzen oder gesundheitliche Probleme, die ihn reagieren lassen. Sie kennen das vielleicht von sich selbst: Wenn man Schmerzen hat, ist man grundsätzlich nicht besonders gut drauf und wenn dann noch jemand an die schmerzende Stelle kommt, reagiert man schnell unwirsch. Auch andere, nicht so schnell erkennbare Krankheiten wie z. B. eine Schilddrüsenunterfunktion, können dazu führen, dass Ihr Hund nicht gut mit anderen Artgenossen klarkommt. Lassen Sie Ihren Hund daher vor dem Training in jedem Fall medizinisch durchchecken.

Adriano mag fremde Hunde nicht. Wenn sie ihm zu nahe kommen, reagiert er mit heftigem Bellen.

▶ Ihr Hund ist alt. Alte Hunde reagieren häufiger unwirsch, weil sie keine Lust mehr auf »Junggemüse« oder ungestüme Hunde haben.

▶ Ihr Hund wurde mit aversiven Methoden trainiert, z. B. dem Leinenruck am Halsband – hierbei lernt der Hund Folgendes: Sieht er einen anderen Hund, wird dieser mit dem schmerzhaften Leinenruck am Halsband verknüpft. Und damit haben Sie die klassische Leinenaggression.

Gut sitzendes Brustgeschirr von vorne und seitlich.

▶ Ihr Hund ist im pubertären Alter und reagiert nicht aggressiv, sondern schlicht und ergreifend frustriert, dass er nicht gleich zum Spielkumpel darf. Das Training ist ähnlich, da auch diese Hunde lernen sollten, sich nicht aufzuführen, sobald sie einen Spielkumpel sehen.

Bitte beachten Sie: Wenn Hunde aggressiv reagieren, sollte vorher immer eine Anamnese gemacht werden. Gesundheitliche Aspekte, Lernerfahrungen sowie die Lebensumstände müssen in Betracht gezogen werden, um ein effektives Training durchführen zu können.

Druck erzeugt Gegendruck

Sie brauchen eine mindestens drei Meter lange Leine und ein gutsitzendes Brustgeschirr. Bitte trainieren Sie keinesfalls am Halsband, da dies zu gesundheitlichen Schäden und weiteren Fehlverknüpfungen, bzw. vermehrter Aggression Ihres Hundes führen kann.

Wichtig ist auch, dass Sie selbst ein gutes Gespür für die richtige Leinenführung haben. Druck erzeugt Gegendruck! Wenn Sie an der Leine rucken oder diese immer auf Spannung halten, wird Ihr Hund viel eher auf andere Hunde reagieren.

Im Alltag kann es passieren, dass Ihr Hund doch in die Leine springt. Achten Sie in diesen Momenten darauf, dass Sie nicht zusätzlich an der Leine rucken, sondern versuchen Sie Ihren Hund so ruhig wie möglich zu halten.

Hat Ihr Hund noch keine gute Leinenführigkeit und zieht grundsätzlich stark an der Leine, sollten Sie als erstes oder zumindest parallel auch an der Leinenführigkeit (S. 20) arbeiten.

Trainingsablauf:

Das Zauberwort heißt hier: Abstand.
Im Training wird immer in dem Abstand gearbeitet, in dem der Hund sich noch gut beherrschen kann. Löst er z. B. ab einem Abstand von fünf Metern zum anderen Hund aus, fangen Sie mit einem Abstand von mindestens sieben Metern an.

Übungsaufbau:

Sie brauchen für das Training einen Übungspartner mit entspanntem Hund. Natürlich können Sie dieses Training auch beim Spazierengehen anwenden, allerdings ist es effektiver, wenn Sie Ihr Gegenüber steuern können, um sicher im grünen Bereich Ihres Hundes arbeiten zu können.
Sie bitten Ihren Partner, sich in dem Abstand zu Ihnen aufzustellen, in dem Ihr

Hund wendet sich freiwillig ab.

Hund noch ruhig bleiben kann. Sobald Ihr Hund den anderen wahrnimmt, loben und belohnen Sie ihn. Bleiben Sie ruhig mit ihm stehen, lassen Sie ihn schauen und loben Sie ihn mit ruhiger Stimme. Wenn Sie merken, dass sich Ihr Hund anspannt, sprechen Sie ihn freundlich an und laden Sie ihn mit einer Handbewegung ein, den Abstand zu vergrößern. Je ruhiger Sie selbst dabei bleiben und keinen Druck auf Ihren Hund ausüben, ja ihm die Zeit geben, die er braucht, desto besser kann Ihr Hund lernen.

▶ Ihr Hund nimmt den anderen Hund wahr.
▶ Loben Sie ihn und geben Sie ihm eine sehr hochwertige Belohnung für das Ruhigbleiben.
▶ Wiederholen Sie diesen Schritt so oft, bis Ihr Hund nicht mehr ganz so angespannt ist.

▶ Machen Sie eine Pause! Entfernen Sie sich vom anderen Hund weit genug, damit sich Ihr Hund entspannen kann.

▶ Wiederholen Sie den Schritt mit dem Abstand, in dem Ihr Hund es vorher gut geschafft hat, einige Male. Gehen Sie dann einen Schritt näher und trainieren Sie wie beim ersten Schritt.

▶ Loben Sie Ihren Hund freundlich, wenn er sich von alleine abwendet oder Beschwichtigungssignale, wie schnüffeln, über den Fang schlecken oder Blick abwenden, zeigt.

▶ Wenn Sie näher an den anderen Hund gehen möchten, Ihr Hund sie aber ausbremst und langsamer wird, locken oder zwingen Sie ihn auf keinen Fall näher! Geben Sie ihm alle Zeit, die er braucht. Zeigt Ihr Hund an, dass er mehr Abstand braucht, dann bekommt er den auch!

Das wird so lange geübt, bis Sie recht nahe an den anderen Hund herankommen, ohne dass Ihr Hund auslöst.

Auf einen Blick

▶ In dem Abstand beginnen, in dem Ihr Hund ruhig bleiben kann
▶ Ruhiges Hinschauen belohnen
▶ In einem Bogen auf den anderen Hund zugehen
▶ Pausen einlegen
▶ Wenn der Hund weggehen möchte, immer ausweichen lassen
▶ Positiv abschließen

Diese Distanz ist groß genug, damit Adriano ruhig zu Gandhi schauen kann. Dafür wird er gelobt und belohnt.

Gehen Sie nicht in gerader Linie auf andere Hunde zu, sondern in einem Bogen. So helfen Sie Ihrem Hund, ruhig zu bleiben.

Wenn Sie auf den anderen Hund zugehen, tun Sie dies bitte in einem leichten Bogen. Dieser erleichtert Ihrem Hund die Annäherung und zeigt ihm gleichzeitig, dass dies eine freundlichere Annäherung an einen anderen Hund ist. Das Bogengehen gehört zu den Beschwichtigungssignalen und ist im Training gut einsetzbar. Im nächsten Kapitel erkläre ich ausführlicher, was es mit den Beschwichtigungssignalen auf sich hat.

Sollten Sie die Distanz falsch eingeschätzt haben und Ihr Hund löst doch aus, sprechen Sie ihn freundlich an und versuchen Sie ihn aus der Situation heraus zu holen. Vergrößern Sie, wenn möglich, wieder den Abstand. Ist das nicht möglich, bitten Sie Ihren Trainingspartner, den Abstand zu vergrößern!

Empfehlung: Wenn Sie einen wirklich aggressiven Hund haben, sollten Sie den direkten Kontakt grundsätzlich nur im Beisein eines gewaltfrei arbeitenden Trainers aufbauen!

Gemeinsame Spaziergänge

Suchen Sie sich einen Trainingspartner, der einen entspannten Hund hat. Mit diesem gehen Sie im großen Abstand zueinander spazieren. Der Abstand sollte IMMER so gewählt sein, dass Ihr Hund den anderen wahrnehmen kann, gleichzeitig aber noch ruhig bleibt. Wenn Sie merken das Ihr Hund sich anspannt oder von selbst langsamer wird und einen größeren Abstand braucht, gewähren Sie Ihm den selbstverständlich.

Wenn die Menschen trennend zwischen den Hunden gehen, hilft es diesen, ruhig zu bleiben.

Grundsätzlich gilt: Je entspannter das Training ist, desto besser ist es für Ihren Hund und umso schneller kann er lernen, dass andere Hunde keine Gefahr darstellen.

Zusätzlich ist es wichtig, dass Sie als Hundehalter viel über die Körpersprache Ihres Hundes wissen, um zu erkennen, wann er sich noch wohlfühlt und ab wann es ihm zu viel wird. Diese Signale sind oft sehr subtil und es braucht eine gute Beobachtungsgabe, um einen Hund richtig lesen zu können.

Natürlich ist es bei einem »normalen« Spaziergang nicht immer möglich, den Abstand so einzuhalten, dass es für Ihren Hund gut ist. Achten Sie deshalb während des Trainings auf folgende Punkte:

▶ Meiden Sie Strecken, auf denen viele Hunde unterwegs sind.

▶ Wählen Sie Wege, auf denen Sie gut ausweichen können.

▶ Wenn Sie doch mal nicht weit genug ausweichen können: Schimpfen Sie nicht mit Ihrem Hund, halten Sie ihn und warten Sie ab, bis er sich wieder beruhigt hat. Alles andere nutzt in diesem Moment nichts.

▶ Legen Sie sich ein dickes Fell gegenüber anderen Menschen zu.

▶ Es wird Ihnen passieren, dass Sie gutgemeinte Ratschläge bekommen oder abwertende Blicke, weil Sie so ein »Monster« an der Leine führen, oder auch Beschimpfungen, weil Sie Ihren Hund nicht im Griff haben. Keiner dieser Menschen kennt Sie oder Ihren Hund. Keiner hat das Recht zu urteilen oder Sie abwertend anzureden. Ignorieren Sie solche Menschen, bitten Sie sie freundlich weiterzugehen und lassen Sie sich auf keine Diskussion ein. Das hilft weder Ihnen noch Ihrem Hund!

Problemverhalten

Wenn Hunde ein Problemverhalten zeigen, hat dies immer einen Grund. Daher ist eine Analyse immens wichtig.

Gesundheits-Check

Besonders bei Hunden, die »von heut auf morgen« Problemverhalten zeigen, hat dies häufig einen medizinischen Hintergrund. Aber auch bei allen anderen sollte der Gesundheitszustand angeschaut werden. Denn wenn ein Hund Schmerzen oder eine Krankheit hat, die bisher unerkannt blieb, kommen Sie im Training nur bis zu einem gewissen Punkt und dann nicht mehr weiter.

Folgende Dinge gehören daher für mich zu einem guten Check-up dazu:
Schilddrüsenwerte. Die Schilddrüse beeinflusst sehr viel im Körper und auch in der Psyche. Hier sollten Sie sich allerdings einen Experten suchen, viele Tierärzte sind darauf nicht spezialisiert genug. Ich würde Ihnen raten, ein großes Schilddrüsenprofil machen zu lassen mit allen acht Werten. Erst hier kann man wirklich erkennen, ob die Schilddrüse so funktioniert, wie sie sollte, und kann daraufhin den Hund auch besser einstellen.
Bewegungsapparat. Sollte Ihr Hund Schmerzen haben, sollten diese behandelt werden, bevor Sie ins Training einsteigen. Ich persönlich lasse dies bei einer guten Hundephysiotherapeutin machen, bei Bedarf wird noch ein Röntgenbild gemacht, um genau sehen zu können, wo die Probleme herkommen. Daraufhin kann dann behandelt werden mittels Schmerzmittel oder mit einer Physiotherapie.

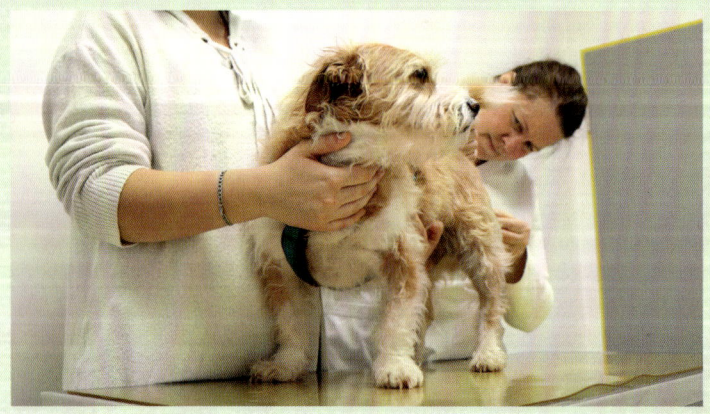

Ein Check-up beim Tierarzt ist unerlässlich, um gesundheitliche Probleme ausschließen zu können.

Blutwerte checken. Lassen Sie ein großes Blutbild machen, in dem auch die Mittelmeerkrankheiten enthalten sind.

Zähne. Mit Zahnschmerzen ist nicht zu spaßen und wenn Ihr Hund Zahnschmerzen hat, kann dies ebenfalls zu Problemverhalten führen. Lassen Sie daher grundsätzlich einmal im Jahr die Zähne Ihres Hundes überprüfen. Wir gehen ja auch regelmäßig zum Zahnarzt.

Bitte nehmen Sie diesen gesundheitlichen Check-up nicht auf die leichte Schulter. Sollte Ihr Hund komplett gesund sein, ist das toll. Sollte aber doch etwas Medizinisches hinter dem Verhalten Ihres Hundes stecken (und das ist nicht selten), finden Sie dies nur heraus, indem Sie Ihren Hund beim Tierarzt einmal von Kopf bis Schwanz untersuchen lassen.

Wie wurde bisher trainiert

Falsches Training kann zu Problemverhalten führen. Dazu zählt Training über Druck, wie z. B. Leinenruck, Schläge, Wasserspritzpistolen, Schepperdosen etc. Im Artikel über »Grenzen setzen« (S. 48) finden Sie mehr Informationen zu diesem Thema.

Aber auch das unbewusste Belohnen von Fehlverhalten kann dazu führen, dass sich ein Problem verschlimmert, anstatt besser zu werden. Zieht Ihr Hund z. B. an der Leine und Sie loben, wenn Ihr Hund schon zieht, so wird sich das Ziehen an der Leine verstärken.

Oder Sie versuchen Ihrem Hund das Bellen am Zaun abzutrainieren. Er rennt bellend zum Zaun, Sie rufen ihn zurück, er kommt und wird belohnt. Ihr Hund hat nun eine Verhaltenskette gelernt: Bellend zum Zaun rennen, zurückkommen, belohnt werden.

Es lohnt sich also, alles, was und wie bisher trainiert wurde, noch einmal genau unter die Lupe zu nehmen.

Management

Je nachdem, welches Problemverhalten Ihr Hund hat, ist es zu Beginn des Trainings wichtig, dass Sie Management betreiben. Je seltener Ihr Hund das (in Ihren Augen falsche) Verhalten zeigen kann, umso schneller kann sich das neue Verhalten festigen.

Wenn Ihr Hund also alle anderen Hunde an der Leine verbellt, gehen Sie erst einmal dort spazieren, wo wenig los ist. Jagt Ihr Hund Radler, bleibt er erst einmal an der Leine. Beißt Ihr Hund Besucher, wird er über eine Leine, Maulkorb oder ein Kindergitter gesichert, damit dies nicht mehr vorkommen kann.

Beschwichtigungssignale

Wenn Sie einen Hund mit Problemverhalten haben, ist es umso wichtiger, dass Sie ihn gut lesen lernen. Dazu gehören auch die sogenannten Calming Signals – Beschwichtigungssignale oder auch Konfliktsignale genannt.

Funktion der Beschwichtigungssignale

Diese zeigen Hunde, um zu signalisieren, dass es etwas unangenehm ist, dass sie selbst ungefährlich sind oder um sich selbst zu beruhigen.

Zu den Signalen gehören unter anderem folgende Verhaltensweisen:

Bogen gehen, Kopf abwenden, gähnen, kurz über den Nasenspiegel lecken, zwinkern, den ganzen Körper abwenden, hinsetzen, intensives Schnüffeln, Bewegung verlangsamen. Dies sind nur einige der Signale und sie müssen natürlich immer im Zusammenhang gesehen werden.

Sie haben es bestimmt schon mal beobachtet. Wenn zwei Hunde sich nähern, tun sie dies in der Regel zumindest das letzte Stück in einem leichten Bogen. Vielleicht bleibt ein Hund dabei immer mal wieder stehen, hebt die Pfote, schaut kurz weg und schleckt sich über den Fang. Daraufhin wird der andere Hund ebenfalls langsamer, wendet den Kopf etwas ab oder schnüffelt am Boden, behält dabei aber sein Gegenüber im Auge. Schließlich treffen die Hunde aufeinander, beschnüffeln sich, schütteln sich vielleicht kurz ab und gehen dann entweder ihrer Wege oder beginnen ein Spiel.

Diese Kommunikation ist sehr wichtig, nur leider lassen wir Menschen unseren Hunden selten den Raum und die Zeit, um sich aus Hundesicht höflich einem anderen Hund zu nähern.

Das Gähnen kann ein beschwichtigendes Verhalten sein, sollte aber immer im Zusammenhang gesehen werden.

Da werden dann Leinen kurzgehalten und die Hunde geschimpft, wenn sie zu langsam werden oder gar stehen bleiben, vielleicht ein kurzes Schnüffeln zeigen, weil der andere Hund doch etwas zu schnell auf sie zugekommen ist. Wenn sie dann noch am Halsband geführt werden, wird der eigene Hund durch die kurz gehaltene Leine geradezu in eine Imponierhaltung gezogen (Kopf hoch, Körper steifer gehalten) und geht im Stechschritt auf den anderen Hund zu. Das ist aus Hundesicht mehr als unhöflich, und dann wundern sich die Menschen, wenn die Hunde unfreundlich reagieren.

Stellen Sie sich mal vor, es kommt jemand im Stechschritt auf Sie zu, fixiert Sie mit seinen Augen und hat eine bedrohliche Körperhaltung. Sie können aber nicht ausweichen, weil Ihr Partner oder Ihre Partnerin Sie an der Hand hält und einfach weiter auf diesen Menschen zuhält, obwohl Sie lieber stehen bleiben oder ausweichen würden. Das ist auch kein sehr angenehmes Gefühl, oder? So geht es vielen Hunden allerdings jeden Tag.

Daher ist es so wichtig, sich mit der hündischen Kommunikation auszukennen und einen Hund richtig lesen zu können.

Das Gähnen wird öfter gezeigt, muss aber im Zusammenhang gesehen werden. Wenn Ihr Hund gerade aufsteht und noch müde ist, ist dies natürlich kein beschwichtigendes Verhalten.

Einsatz im Training

Im Training können Sie immer loben und je nach Situation auch belohnen, wenn Ihr Hund Beschwichtigungssignale zeigt. Einige Hunde haben gelernt, dass es nichts bringt, wenn sie beschwichtigen, und tun dies einfach nicht mehr. Stattdessen gehen sie gleich nach vorne. Gerade bei solchen Hunden ist es umso wichtiger, schon die kleinsten Anzeichen von defensivem Verhalten zu loben und zu belohnen.

Wenn Ihr Hund sich also von selbst von einem anderen Hund abwendet oder auch ein Gähnen oder kurzes Schlecken über den Nasenspiegel zeigt – loben Sie ihn, denn dies ist der erste Schritt in die richtige Richtung!

Auch das Trennen gehört zu den Beschwichtigungssignalen. Im Training können Sie es so einsetzen, dass Sie mit dem Trainingspartner nebeneinander gehen. Die Menschen sollten trennend in der Mitte gehen, die Hunde jeweils außen. Zu Beginn sollte es also so aussehen: Hund mit Mensch – ausreichend Abstand – Mensch mit Hund. Dadurch geben Sie Ihrem Hund Sicherheit und er kann trotzdem die Anwesenheit des anderen Hundes wahrnehmen.

BESTENS VORBEREITET

Routinen geben Sicherheit

Das Kooperationssignal

So lernt Ihr Hund, dass er mitentscheiden kann.

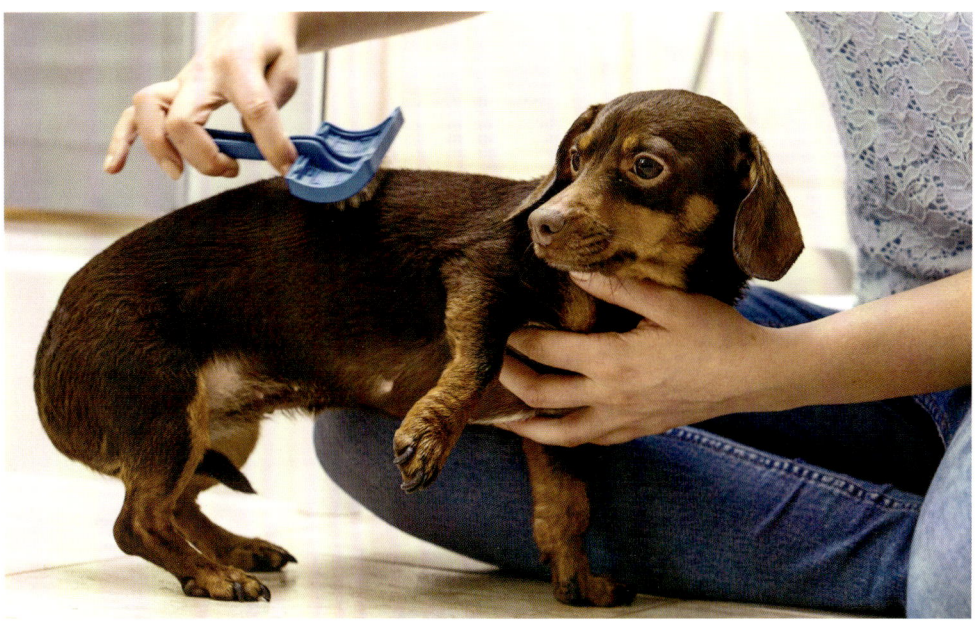

Ausgangssituation:

Sobald Sie mit der Bürste kommen, rennt Ihr Hund weg. Ein anderer Hund möchte sich nicht in die Ohren schauen lassen und Zähne kontrollieren wird mit Knurren und Schnappen kommentiert. Bei vielen Hunden kann das Verabreichen von Medikamenten, Spritzen oder die Kontrolle beim Tierarzt zum Kampf werden.

Warum reagiert Ihr Hund so?

Vielen Hunden ist es schlicht und ergreifend unangenehm, so behandelt zu werden. Stellen Sie sich vor, jemand hält Sie fest, während ein Fremder Ihre Zähne begutachtet, in Ihre Ohren schaut oder Ihnen eine Spritze verabreicht. Je mehr Sie sich wehren, desto fester werden Sie gehalten. Sie fühlen sich hilflos und aus dieser Hilflosigkeit heraus werden Sie wütend und wehren sich.

So ergeht es unseren Hunden immer wieder. Wir sehen es als selbstverständlich an, dass sie ruhig alles über sich ergehen lassen, schließlich ist es ja zu ihrem Besten.

Je weniger Mitspracherecht ein Hund bei so eine Behandlung hat, umso mehr wehrt er sich in der Regel. Häufig ist so eine Untersuchung auch unangenehm

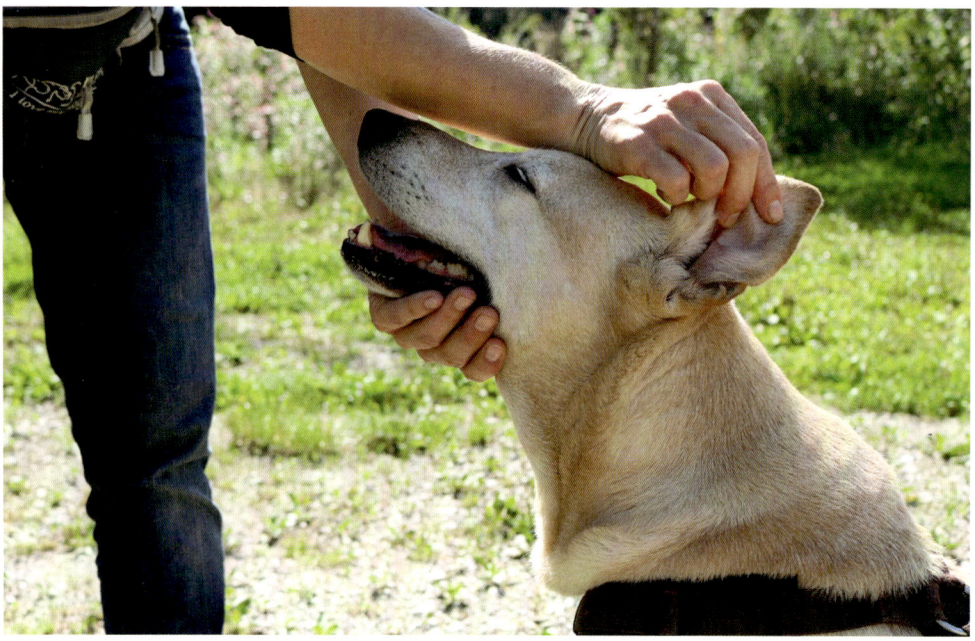

oder tut sogar weh. Selbst die Fellpflege kann schmerzhaft werden, wenn das Fell sehr dicht ist oder Knoten und Verfilzungen drin sind. Die einzige Art und Weise, wie unsere Hunde uns zeigen können, dass sie es nicht mögen, sind Beschwichtigungssignale, die häufig von uns übersehen werden, und dann bleibt nur noch, uns Menschen sehr deutlich zu zeigen, dass wir mit dem, was wir gerade tun, aufhören sollen. Und das geschieht dann durch Knurren oder Abschnappen.

Ein Versprechen, das gehalten werden muss

Das Kooperationssignal ist z. B. ein bestimmter Griff oder eine Berührung, die dem Hund anzeigt »jetzt kommt etwas«, quasi eine kleine Vorwarnung, dass nun seine Kooperation gefragt ist. Wenn der Hund aus diesem vereinbarten Griff herausgeht, muss man reagieren und eine kurze Pause einlegen. Durch seine Möglichkeit, einen gewissen Einfluss auf die Situation nehmen zu können, agiert Ihr Hund kooperativer, als wenn man ihn überraschen würde.

Wichtig hierbei ist, dass Sie immer auf Ihren Hund hören und auch wirklich eine Pause machen, wenn Ihr Hund anzeigt, dass er eine braucht. In dem Moment, in dem Sie über das Kooperationssignal mit Ihrem Hund arbeiten, versprechen Sie ihm, dass Sie auf ihn achten und seine Wünsche respektieren werden.

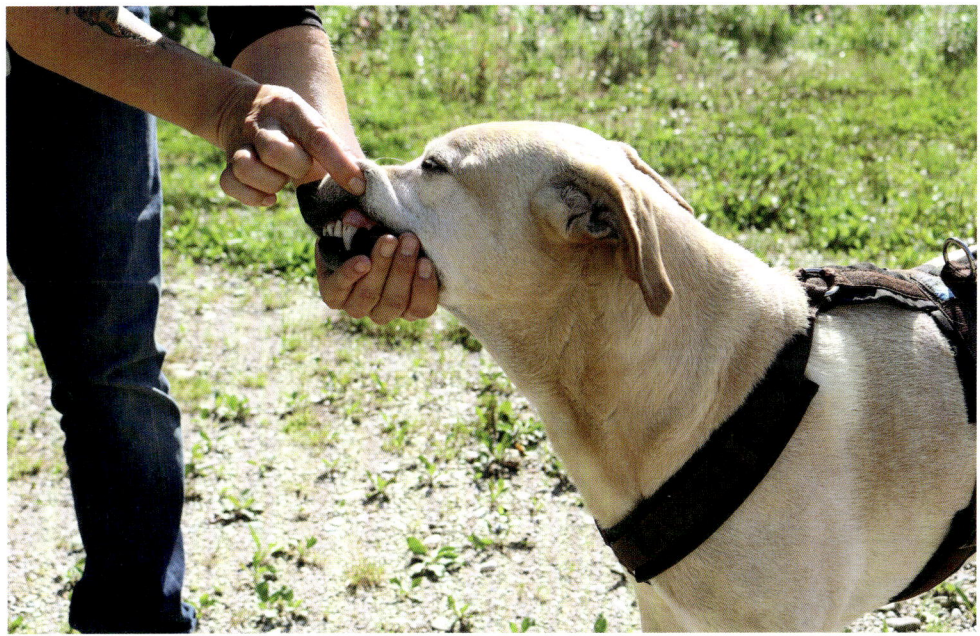

Dank des Kooperationssignals darf ich Kishas Ohren und Zähne ohne Probleme anschauen.

Manche Hunde versuchen auch sich zu entziehen und winden sich wie ein Aal, um der Behandlung zu entgehen.

Das Kooperationssignal:

Es gibt viele verschiedene Kooperationssignale. Ich habe gute Erfahrungen mit dem Signal »Schnauze in die Hand oder auf ein Tuch legen« gemacht. Dabei hält man dem Hund die flache Hand vor die Schnauze und er legt diese aktiv hinein. Solange die Schnauze in der Hand (oder auf einem Tuch) liegt, darf man z. B. bürsten, die Ohren anschauen oder die Zähne kontrollieren. Sobald Ihr Hund den Kopf aus der Hand oder vom Tuch nimmt, bekommt er eine Pause. So fällt es Ihrem Hund leichter, für ihn nicht ganz so angenehme Situationen »auszuhalten«, denn er darf jederzeit zeigen, wenn es ihm zu viel wird.

Schritt 1:

Überlegen Sie sich, ob Ihr Hund seine Schnauze in Ihre Hand oder auf ein Tuch legen soll. Wenn es bei Ihnen das Tuch sein soll, bauen Sie die Übung genauso auf wie beschrieben, legen aber ein Tuch in Ihre Hand. Wenn Ihr Hund gelernt hat, die Schnauze in die Hand plus Tuch zu legen, müssen Sie am Ende Ihre Hand »ausschleichen« und das Tuch nach und nach auf eine andere Oberfläche legen, ansonsten ist der Aufbau derselbe.

Sie halten Ihre flache Hand dem Hund vor die Schnauze und locken ihn mit einem Leckerchen in die richtige Position. In dem Moment, in dem die Schnauze in Ihrer Hand liegt, loben Sie und geben das

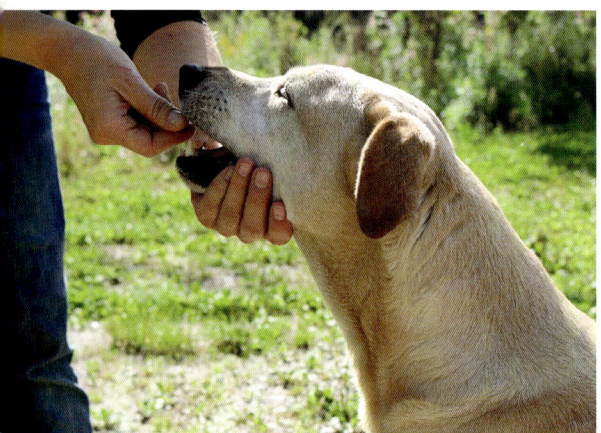

Der erste Schritt zum Kooperationssignal: Kisha lernt ihren Kopf in meiner Hand abzulegen und wird dafür belohnt.

Leckerchen frei. Nach einigen Wiederholungen locken Sie Ihren Hund nicht mehr, sondern belohnen in dem Moment, in dem er die Schnauze in Ihre Hand legt. Wenn das für kurze Zeit gut funktioniert, zögern Sie die Belohnung etwas heraus, damit die Schnauze etwas länger in Ihrer Hand liegen bleibt. Ab jetzt können Sie ein verbales Signal dazu geben, z. B. »Kopf« oder »Kinn«.

Schritt 2:

Wenn Ihr Hund seine Schnauze einige Zeit in Ihrer Hand liegen lassen kann, beginnen Sie mit Ihrer zweiten Hand Richtung Ohr oder Zähne zu gehen. Wichtig ist, dass Sie immer eine kurze Pause machen, wenn Ihr Hund die Schnauze aus der Hand nimmt. Bei manchen Hunden muss man mit sehr kleinen Bewegungen der »Untersuchungshand« anfangen. Das bedeutet, dass Sie mit der Hand nur ein kleines Stück Richtung Hundekopf gehen und gleich wieder belohnen. Dann

Auf einen Blick

▶ Hundeschnauze mit einem Leckerchen in die Hand locken
▶ Loben & Belohnen
▶ Zeit langsam verlängern
▶ Dann erst verbales Signal dazu geben: z. B. »Kinn« oder »Kopf«
▶ Immer eine Pause machen, wenn Ihr Hund dies anzeigt
▶ Mit der zweiten Hand Richtung Ohr oder Zähne gehen
▶ Generalisieren

arbeiten Sie sich langsam dahin, dass Sie Ohren und Zähne anschauen dürfen. Auch hier gilt wieder: Je kleiner die Übungsschritte sind, desto besser lernt Ihr Hund. Wenn das gut funktioniert, fangen Sie an zu generalisieren, damit Ihr Hund lernt, dass er immer »Stopp« sagen darf, egal ob Sie die Zähne kontrollieren, ihn bürsten oder sich eine Pfote ansehen.

Alternatives Signal

Eine weitere Möglichkeit ist es, den Hund auf ein Objekt blicken zu lassen. Hier wäre sein »Stopp«-Signal der Moment, in dem er woanders hinschaut.

Hierfür eignet sich z. B. ein kleiner Becher, in dem Leckerchen sind. Sie stellen den Becher vor den Hund, sobald sein Blick zum Becher geht, loben Sie ihn und geben ein Leckerchen aus dem Becher. Auch hier verlängern Sie nach und nach die Zeit, die Ihr Hund auf den Becher schaut und beginnen in sehr kleinen Schritten, ins Ohr zu schauen oder die Zähne zu kontrollieren. Diese Art des Kooperationssignals wurde von Chirag Patel unter dem Namen »Bucket Game« eingeführt und ist eine sehr gute Alternative, wenn man alleine ist und sich bei einer Untersuchung oder medizinischen Versorgung um den Hund herum bewegen muss.

Mitbestimmungsrecht

Immer wenn Ihr Hund aus dem Kooperationssignal rausgeht, hören Sie sofort

Geben Sie Ihrem Hund sofort eine Pause, wenn er sich abwendet.

auf. Bieten Sie ihm einen Moment später das Signal noch einmal an und erst, wenn sein Kopf wieder in Ihrer Hand oder auf dem Tuch liegt, machen Sie weiter. Ziel ist es, Ihrem Hund zu erklären, dass er die Möglichkeit hat »Nein« zu sagen. In dem Moment, in dem Ihr Hund verstanden hat, dass er nicht einfach überrumpelt und gezwungen wird, sondern ein Mitspracherecht hat, wird vieles deutlich leichter gehen.

Achten Sie im Training darauf, den nächsten Schritt erst zu üben, wenn der vorherige wirklich gut klappt, und haben Sie Geduld – wenn das Kooperationssignal erst mal sitzt, haben Sie ein sehr gutes Mittel gewonnen, das auch in anderen und neuen Situationen helfen kann.

Der Tierarztbesuch
Machen Sie den Arzt zum besten Freund Ihres Hundes!

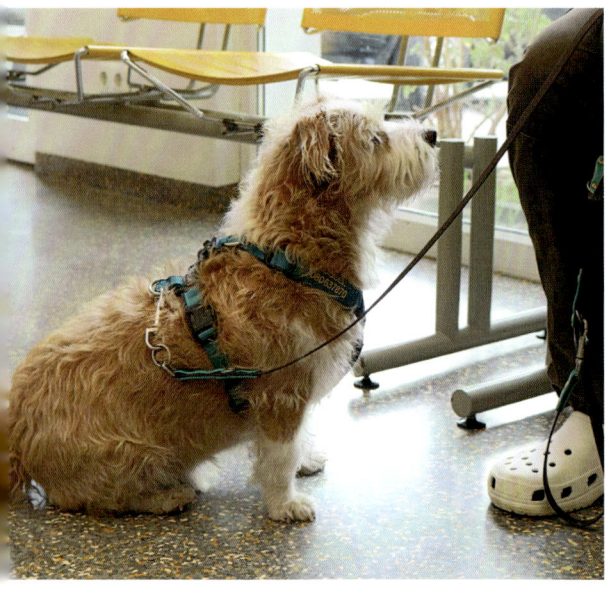

Warum reagiert Ihr Hund so?

Schon im Wartezimmer nimmt Ihr Hund den Stress der anderen Patienten wahr, was nicht zur Entspannung beiträgt. Es riecht nach Arzt und kranken Tieren, das nehmen unsere Hunde noch viel mehr wahr als wir.

Vielleicht gehören Sie auch zu den Menschen, die mit Krankenhausgeruch Negatives verbinden, obwohl Ihnen dort noch gar nichts Schlimmes widerfahren ist? Dann können Sie sich gut in Ihren Hund hineinversetzen.

Bei Tierärzten, die keine Termine vergeben, sitzen Sie dann eine längere Zeit mit Ihrem Hund in einer für Ihren Hund anstrengenden Situation, d. h. sein Stresspegel steigt schon, bevor er überhaupt vom Tierarzt untersucht wurde. Wenn es jetzt in das Untersuchungszimmer geht, erwartet die wenigsten Hunde ein angenehmes Erlebnis. Sie werden gepiekst und untersucht, ohne zu verstehen, was hier passiert, und müssen dazu auch noch häufig festgehalten werden. Zum Glück werden immer mehr Tierärzte moderner und gehen auf die Hunde ein, leider reicht oft aber schon ein schlechtes Erlebnis oder eine grobe Behandlung von einem Tierarzt, damit Ihr Hund sich von jetzt ab weigert, die Praxis freiwillig zu betreten.

Ausgangssituation:

Wer geht schon gerne zum Arzt? Von A wie Allgemeinarzt bis Z wie Zahnarzt – Arztbesuche gehören nicht unbedingt zu unseren Lieblingsbeschäftigungen. Da geht es unseren vierbeinigen Freunden nicht anders. Im Gegensatz zu uns Menschen würden sie allerdings auch nie auf die Idee kommen, selbst zum Tierarzt zu gehen. Da müssen wir sie schon hinbringen, was nicht immer einfach ist. Manche Hunde steigen schon gar nicht mehr aus dem Auto aus, wenn sie merken, wo sie sind, andere müssen in die Praxis getragen werden oder warten zitternd im Wartezimmer.

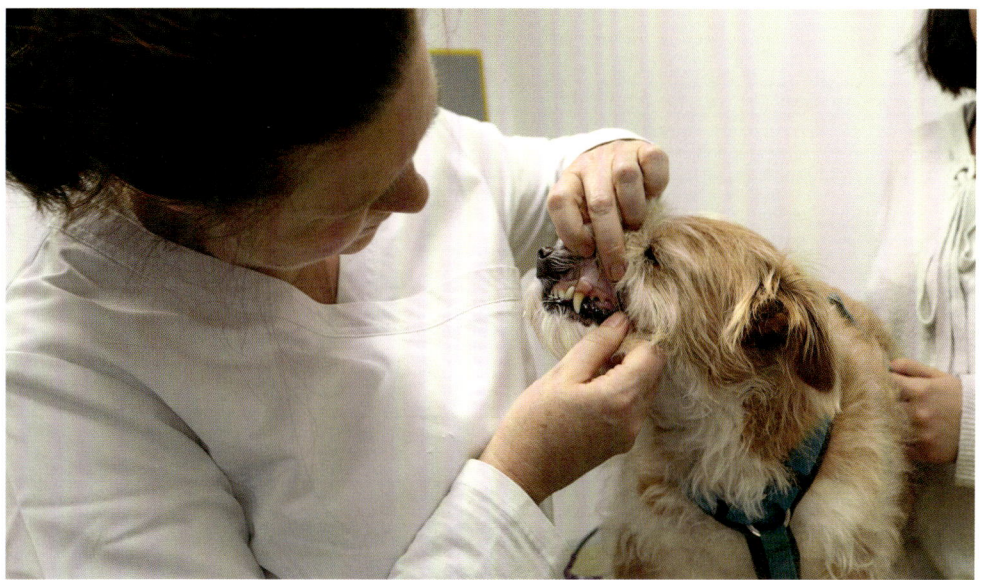

Zähne untersuchen und ins Maul schauen finden die meisten Hunde sehr unangenehm.

Der Vorstellungsbesuch

Früh übt sich! Vor dem ersten »richtigen« Tierarztbesuch sollten Sie deshalb einige Male mit Ihrem Hund zum Tierarzt gehen, auch wenn es keinen Krankheitsgrund gibt.

Wenn Sie die ersten Male bei Ihrem Tierarzt sind, tun Sie dies am besten zu Zeiten, an denen nicht so viel los ist. Wenn möglich lassen Sie Ihren Hund das Wartezimmer erkunden, ohne natürlich andere Tiere dabei zu stören. Lassen Sie ihn, wenn er möchte, auf die Waage klet-

Nehmen Sie Ihrem Hund den Stress

Grundsätzlich rate ich dazu, Ihren Hund immer im Auto warten zu lassen (natürlich je nach Wetterlage) und erst reinzuholen, sobald Sie dran sind. Im Wartezimmer ist es oft viel zu anstrengend für die Hunde, gerade weil der Raum sehr eng ist und viele der anderen Tiere hier schon gestresst sind. Das überträgt sich natürlich auf den eigenen Hund.
Wenn Ihr Hund riesengroße Angst vor anderen Hunden hat oder ein Aggressionsproblem, können Sie auch einen Termin außerhalb der Sprechzeiten vereinbaren oder Sie fragen Ihren Tierarzt, ob es einen Hintereingang gibt, um nicht durch das Wartezimmer zu müssen. Eine weitere Option kann auch sein, dass der Tierarzt zu Ihnen nach Hause kommt, wenn es dort entspannter für Ihren Hund ist.

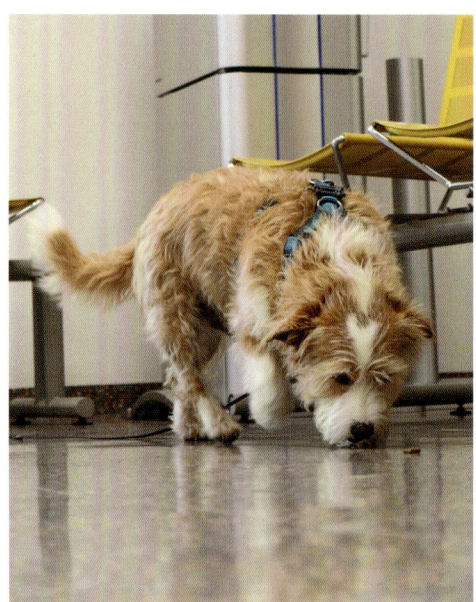

tern und belohnen Sie ihn reichlich mit leckerem Futter.

Ihr Tierarzt kann Ihrem Hund ein paar ausgesuchte Leckereien geben, um sich mit ihm anzufreunden. Lassen Sie Ihrem Hund z. B. das Stethoskop zeigen und Ihr Tierarzt kann ihn abhören, wenn Ihr Hund dies zulässt. Durch viele, gute Erlebnisse beim Tierarzt legen Sie eine solide Basis für künftige Besuche und Ihr Hund freut sich irgendwann, seinen Doktor zu sehen. Nebenbei kann Ihr Tierarzt ganz ohne Druck allgemeine Untersuchungen machen, wie Herz und Lunge abhören, in die Ohren schauen usw.

Wichtig ist auch hier, dass alles ohne Druck abläuft. Es ist nicht schlimm, wenn das mit dem Abhören nicht gleich beim ersten Mal klappt, beim nächsten Besuch wird es schon besser laufen. Am besten ist es natürlich, wenn Sie dies schon im Welpenalter üben können. Aber auch mit einem erwachsenen Hund können Sie so vorgehen. Wenn Ihr Hund sehr schlechte Erfahrungen mit einem bestimmten Tierarzt gemacht hat, kann es sinnvoll sein, diesen zu wechseln und sich beim neuen Tierarzt viel Zeit mit der Gewöhnung zu nehmen.

Auf einen Blick

▶ Hund beim Tierarzt im Auto warten lassen
▶ Vorstellungsbesuche machen und Tierarzt positiv verknüpfen
▶ Wenn möglich Tierarztpraxis erkunden lassen
▶ Kooperationssignal aufbauen
▶ Zu Hause die Dinge üben, die Sie beim Tierarzt brauchen, wie Ohren, Zähne und Pfoten kontrollieren

Lassen Sie Ihren Hund die Praxis erkunden und machen Sie ihm die ersten Tierarztbesuche so angenehm wie möglich. Wichtiger sind gute Erfahrungen als schnelle Untersuchungen, solange diese nicht dringend notwendig sind.

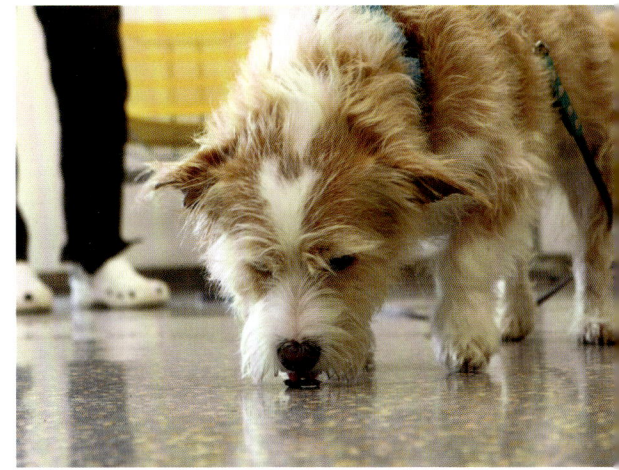

Zu Hause üben

Sie können zu Hause den Grundstein für den Tierarztbesuch legen. Eine Möglichkeit ist, ein Kooperationssignal, wie im vorrangegangenen Kapitel (S. 91) beschrieben, aufzubauen. Ob mit oder ohne Kooperationssignal, Sie sollten mit Ihrem Hund zu Hause in jedem Fall folgende Dinge üben: Ohren, Zähne und Pfoten anschauen, generell sich abtasten lassen und hochheben.

Arbeiten Sie hier wie immer in kurzen und sehr einfachen Einheiten und kündigen Sie Ihrem Hund an, was Sie tun. Sagen Sie z. B. »Ohren«, bevor Sie in die Ohren schauen, und »Zähne«, bevor Sie die Zähne kontrollieren. So lernt Ihr Hund, dass nichts Schlimmes passiert, und weiß immer genau, was auf ihn zukommt. Belohnen Sie immer, wenn Ihr Hund es gut gemeistert hat, und zwingen Sie ihn zu nichts.

Die Zeit ins Training ist hier gut investiert, denn dadurch wird der Tierarztbesuch deutlich stressfreier ablaufen und Ihr Hund weiß, was ihn erwartet.

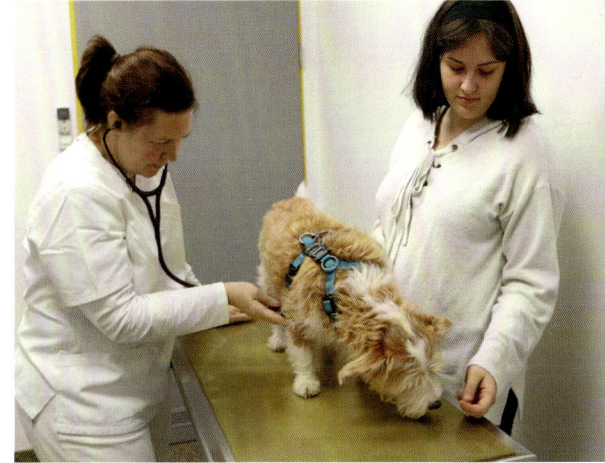

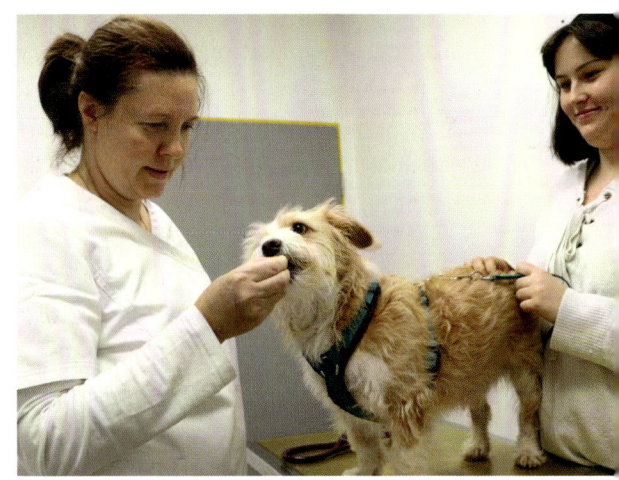

Silvester

So helfen Sie Ihrem Hund, durch die lauteste Nacht im Jahr zu kommen.

Ausgangssituation:

Feuerwerk an Silvester: Krachen, Qualm und grelles Licht – was für viele ein spaßiges Silvesterritual ist, ist für Hunde und andere Tiere die reinste Tortur. Und entsprechend reagieren viele Hunde auch.

Warum reagiert Ihr Hund so?

Das Gehör der Hunde hat einen höheren Frequenzbereich als das der Menschen (Mensch: 20 bis 20.000 HZ, Hunde 15 bis 50.000 HZ), deshalb nehmen Hunde sogar ein Zischen von Silvesterraketen als unangenehm wahr, das für uns nur schwach hörbar ist.

Daher ist es vor allem die Lautstärke der Böller, die Hunde quält, aber auch die Lichtblitze, sowie der Geruch von Feuerwerkskörpern. Hinzu kommt die Unvorhersehbarkeit – für die Hunde kommt all das ja wie aus dem Nichts.

Nachdem einige Tage vor Silvester die ersten Böller und Raketen über den Tag verteilt abgeschossen werden, kommen geräuschempfindliche Hunde schon da nicht mehr gut zur Ruhe und haben teilweise drei Tage vor und nach Silvester Angst, spazieren zu gehen.

Während der Silvesternacht dauert das Feuerwerk mindestens 30–60 Minuten oder noch länger. Wenn die Hunde sich danach wieder etwas beruhigt haben, krachen in der Nacht und in den nächsten Tagen immer wieder plötzlich Böller und Raketen, was den Stresslevel unserer Vierbeiner noch mehr steigen lässt.

Es gibt verschiedene Stressreaktionen, die Hunde zeigen können: Verstecken, Zittern, Sabbern, Jaulen, Bellen, in Schockstarre Fallen, unruhiges Hin- und Herlaufen sind sehr deutliche und starke Anzeichen dafür, dass Ihr Hund Stress hat. Natürlich gibt es auch Hunde, die ihren Stress nicht ganz so deutlich zeigen und stattdessen still leiden. Sie ziehen sich zurück und möchten nicht mehr spazieren gehen.

Manche fressen auch nichts mehr oder deutlich weniger, andere haben sogar so viel Angst, dass sie in die Wohnung urinieren oder koten. In dem Fall bitte bloß nicht schimpfen – Ihr Hund hat offenbar riesige Angst!

Vor Silvester:

In Vorbereitung auf Silvester können Sie mit Ihrem Hund an zwei Dingen arbeiten: Desensibilisierung und Entspannung. Je nachdem, wie extrem Ihr Hund

Trösten ist erlaubt!

Leider geht immer noch der Ratschlag um, dass Sie einen Hund zu Silvester – oder überhaupt in einer Situation, in der er Angst zeigt – nicht trösten dürfen. Das Gerücht, dass dieser Trost die Angst verstärkt, ist längst widerlegt. Stattdessen weiß man mittlerweile, dass es dem Hund sehr hilft, wenn Sie sein Fels in der Brandung sind und für ihn da sind. Bieten Sie Ihrem Hund Ihre Hilfe an und geben Sie ihm die Möglichkeit, Körperkontakt zu Ihnen aufzunehmen. Kuscheln hilft einigen Hunden, andere Hunde möchten einfach, dass Sie in der Nähe sind. Wenn Ihr Hund in dem Moment nicht gestreichelt werden möchte, ist das vollkommen in Ordnung und Sie sollten ihn nicht festhalten oder zwingen, wenn er in dem Moment etwas anderes braucht. Aber zeigen Sie ihm, dass Sie für ihn da sein werden.

So sieht die doppelte Sicherung aus. Sollte Ihr Hund aus dem Geschirr schlüpfen, ist dieses noch mit dem Halsband verbunden und Ihr Hund ist sicher.

auf Geräusche reagiert, sollten Sie beim Desensibilisieren mit sehr leisen Geräuschen beginnen. Sie können ein Buch etwas lauter zuklappen oder mit einem Löffel leise klappern. In dem Moment, in dem das Geräusch kommt, werfen Sie Ihrem Hund ein Leckerchen zu. Achten Sie dabei allerdings darauf, dass Ihr Hund zwar aufschauen darf, weil er das Geräusch wahrnimmt, er darf aber keine Angst bekommen. Arbeiten Sie in ganz kleinen Schritten, sodass Ihr Hund sich langsam an lautere Geräusche gewöhnt. Falls Ihr Hund große Angst hat, sollten Sie mit diesem Training schon am Anfang des Jahres anfangen, damit Sie genügend Zeit haben, die Angst in kleinsten Schritten abzubauen.

Außerdem können Sie ein Entspannungssignal aufbauen. Dies kann eine bestimmte Musik sein oder ein Duft, wie z. B. ein Tuch mit Lavendelöl. Wenn Sie sich für den Duft entscheiden, achten Sie darauf, dass dieser nicht zu intensiv ist. Wenn Sie ihn noch geradeso wahrnehmen können, reicht es für den Hund mit seiner empfindlichen Nase vollkommen aus.

Sie machen immer dann dieselbe Musik an oder legen den Duft hin, wenn Ihr Hund entspannt ist, also z. B. am Abend, wenn Ruhe eingekehrt ist. Am besten funktioniert es, wenn Sie dies tun, kurz bevor Ihr Hund in die Entspannung geht. So verknüpfen Sie und er die Musik oder den Duft mit Entspannung und auch dies kann in der Silvesternacht helfen. Ich vergleiche das gerne hiermit: Ich mache mir einen bestimmten Tee immer nur, wenn ich mich zum Lesen auf die Couch kuschle. Der Geruch des Tees ist also mit Entspannung verknüpft und wenn ich jetzt diesen Tee nur rieche, entspannt sich mein Körper ganz unbewusst.

An Silvester:

Zwei Tage vor, während und zwei Tage nach Silvester gehen Sie mit Ihrem Hund nur angeleint spazieren. Für besonders ängstliche Hunde gibt es Sicherheitsgeschirre, aus denen sie sich nicht rausziehen können, oder Sie sichern Ihren Hund doppelt an Halsband und Geschirr, wobei die Führleine immer die am Geschirr sein sollte! Für die Hunde, die sich zurückziehen möchten, sollten Möglichkeiten dazu geschaffen werden: Machen Sie den Zugang z. B. zum Keller oder Ba-

Stehen Sie Ihrem Hund bei und bieten Sie ihm den Trost und die Sicherheit an, die er zu dieser Zeit braucht.

dezimmer möglich. Dies sind oft Orte, an denen das Feuerwerk nicht mehr so stark hör- und sichtbar ist. Schalten Sie Musik oder den Fernseher an, dies lenkt von den lauten Geräuschen draußen ab. Außerdem hilft es Ihrem Hund, wenn Sie alle Fenster schließen, falls möglich die Rollläden runtermachen oder die Vorhänge zuziehen, damit das Blitzen nicht zu sehen ist. Vielen Hunden hilft kauen. Dazu können Sie schon vor 24 Uhr anfangen, mit Ihrem Hund kleine Such- und Kauspiele zu machen oder ihm einen mit Futter gefüllten Kong oder eine Schleckmatte anzubieten. Wenn Sie dies dann während des Feuerwerks weitermachen und richtig gute Leckerchen springen lassen, hilft das den Hunden, die Feuerwerksknallerei besser zu überstehen und vielleicht sogar positiv zu verknüpfen. Abstand nehmen sollten Sie von Medikamenten, die Acepromazin enthalten!

Zum Beispiel in Vetranquil, Sedalin, Calmivet und Prequillan. Das Problem bei diesen Mitteln ist, dass Ihr Hund zwar ruhiggestellt wird (körperlich), aber geistig trotzdem alles mitbekommt, nur nicht mehr reagieren kann. Eine absolute Horrorvorstellung!

Auf einen Blick

▶ Trösten ist erlaubt
▶ Wohnung schalldicht machen
▶ Ablenken durch Spiele
▶ Zwei Tage vor, während und zwei Tage nach Silvester nur angeleint spazieren gehen
▶ Eventuell den Hund doppelt sichern durch Halsband und Brustgeschirr
▶ Keine Medikamente verwenden, in denen Acepromazin enthalten ist

Problemverhalten

Hunde sind extreme Anpassungskünstler. Dennoch ist es wichtig, sie so gut es geht auf das Leben mit uns Menschen vorzubereiten, denn sehr häufig machen wir aus Hundesicht sehr viele, sehr seltsame Dinge. Und verlangen dazu oft noch eine höhere Anpassungsleistung, als von unseren Hunden schaffbar ist.

Rituale geben Sicherheit

Je besser ein Hund weiß, was von ihm erwartet wird, desto leichter meistert er für ihn schwierige Situationen. Wenn wir uns dabei als verlässlicher Partner herausstellen, glauben unsere Hunde uns, dass wir sie keiner Situation aussetzen, der sie nicht gewachsen sind.

Sollten Sie merken, dass Ihr Hund ein Problem in bestimmten Situationen hat, machen Sie sich Gedanken, wie Sie diese Situation für ihn vorhersehbarer und leichter gestalten können. Es gibt bestimmte Dinge, die im Leben eines Hundes sein müssen: Tierarztbesuche, Silvester, Autofahren, Besuch bekommen usw. An all diesen Situationen können Sie gezielt arbeiten, z. B. über ein Kooperationssignal oder auch einfach damit, dass diese Dinge immer gleich ablaufen.

Das Kooperationssignal wurde weiter vorne im Buch (S. 89) ausführlich erklärt und ist ein gutes Beispiel, wie Rituale und das Mitspracherecht Ihrem Hund helfen können, sich sicherer zu fühlen.

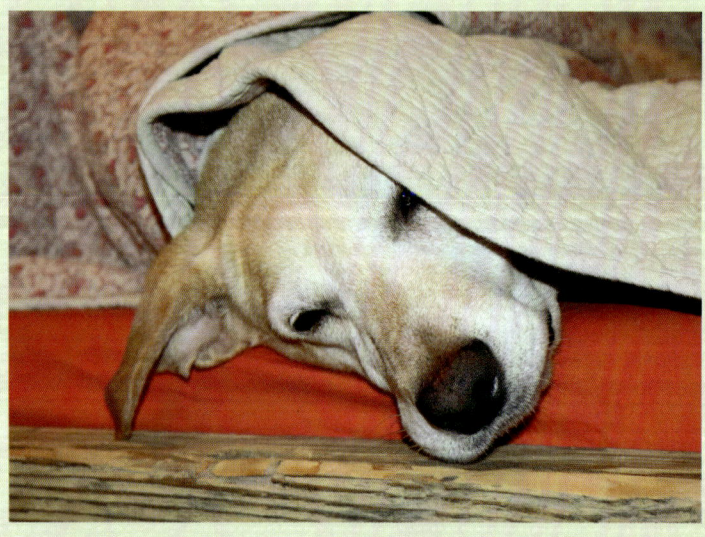

Meine Kisha liebt Rituale. Diese und das Wissen, dass ich immer verlässlich bin, geben ihr auch im Alltag viel Sicherheit.

Ich persönlich erkläre meiner Hündin auch alles, was ihr unheimlich ist. Unser »Code-wort« ist irgendwann »Ist okay« geworden. Das habe ich ihr immer gesagt, wenn etwas für sie unheimlich war und wir sind erst weitergegangen, wenn es auch für Kisha okay war. Teilweise hieß das, länger an einer Stelle zu warten und Kisha »schauen« zu lassen. Dadurch, dass meine Worte in diesen Momenten immer dieselben waren und ich keinen Druck aufgebaut habe, ja manchmal, wenn ich gemerkt habe, dass Sie aus der Situation raus musste, einfach wieder mit ihr gegangen bin, sind viele Situationen für sie leichter geworden. Denn »Ist okay« heißt für Kisha: »Ich schätze die Situation als ungefährlich ein. Wenn du es trotzdem nicht schaffst, gehen wir wieder, auch das ist in Ordnung.« Auch so kann ein Ritual aussehen.

Jeder Hund ist anders

Mein erster Hund Linus war ein richtiger Buddha! Er ist mit mir durch dick und dünn gegangen und hatte ein absolutes Urvertrauen in mich. Wenn ich gesagt habe: Da gehen wir jetzt durch, dann ist er mit mir da durch gegangen. Das lag natürlich größtenteils an seinem Grundcharakter. Er hatte weder einen guten Start ins Leben, noch habe ich in den ersten zwei Jahren unseres Zusammenlebens viel richtig gemacht. Umso dankbarer war ich, ihn an meiner Seite zu haben.
Meine Kisha ist eher das Gegenteil und bei ihr muss ich viel mehr mit Ritualen arbeiten als bei Linus.
Und so ist jeder Hund anders. Je ängstlicher und vorsichtiger, desto mehr sollte ich meinem Hund die Menschenwelt erklären.

Egal wie alt

Hunde lernen in jedem Alter. Natürlich hat man ab einem bestimmten Alter schlicht und ergreifend nicht mehr so viel Zeit, aber es lohnt sich immer! Als Kasper zu mir gekommen ist, war er geschätzt 12–14 Jahre alt, taub und ziemlich blind. Er fand es doof, auf den Arm genommen zu werden, allerdings mussten wir an einer Stelle beim Spazierengehen über eine Gitterbrücke gehen, über die er getragen werden musste. Später hatte ich einen Hundewagen für ihn dabei, in den er gehoben werden musste. Auch im fortgeschrittenen Alter hat er sehr schnell gelernt: Wenn ich meine Hand leicht auf seine Brust gelegt habe, hieß dies, dass ich ihn hochheben möchte. Ist er weggegangen, wollte er das nicht. Ist er stehengeblieben, durfte ich ihn auf den Arm nehmen oder in seinen Wagen setzen.

WELPEN

Das Abenteuer beginnt

Ein Welpe zieht ein

Die ersten Tage mit dem neuen Familienmitglied

Das Zuhause welpensicher machen

Sie haben sich für das Abenteuer »Welpe« entschieden. Nachdem junge Hunde viel mit ihrem Maul erkunden, sollten Sie auf folgende Dinge in Ihrem Zuhause achten: Frei liegende Kabel und herumliegende Schuhe laden zum Anknabbern ein, Steckdosen könnten gefährlich werden und auch giftige Pflanzen sollten außer Reichweite des Welpen sein. Überhaupt sollte alles, was nicht angeknabbert werden darf, so gut wie möglich verstaut werden, damit Sie nicht den ganzen Tag damit beschäftigt sind, hinter dem Welpen herzurennen und ihm alles Mögliche zu verbieten. Treppenzugänge sollten Sie zu Anfang am besten mit einem Gitter versperren.

Abholung:

Egal, ob Sie Ihr neues Familienmitglied bei einem Züchter oder im Tierschutz gefunden haben, bei der Abholung sollten Sie folgende Dinge mitnehmen: Eine Decke, auf der Ihr Welpe gemütlich liegen kann. Optimal wäre es natürlich, wenn diese Decke schon einige Tage vorher beim Züchter oder im Tierschutz abgegeben werden kann, damit Ihr Welpe bekannte Gerüche um sich hat, wenn er abgeholt wird. Wenn es möglich ist, fahren

Je mehr Spielzeug Ihr Welpe hat, umso weniger wird er an Dinge gehen, die er nicht zerstören sollte.

Sie zu zweit zum Abholen. So kann einer von Ihnen den Welpen entweder in der Decke auf den Schoß nehmen oder sich auf dem Rücksitz neben ihn setzen, um ihm während der Fahrt Sicherheit zu geben. Sie sollten außerdem eine Küchenpapierrolle dabeihaben, um etwaige Ungeschicke aufwischen zu können. Je nach Länge der Strecke sollten Sie zusätzlich Wasser und einen kleinen Napf dabeihaben, falls Ihr Welpe Durst bekommt.

Wenn Sie einen längeren Weg vor sich haben, machen Sie bitte nicht auf großen Parkplätzen Pause, hier liegt oft sehr viel Müll herum und es ist viel los. Fahren Sie von der Autobahn ab und suchen Sie sich eine ruhige Stelle. Sichern Sie in jedem Fall Ihren Welpen mit Brustgeschirr und Leine und lassen Sie ihn nicht ohne Leine aus dem Auto. Ihr Welpe kennt Sie noch nicht so gut und sollte ihn etwas erschrecken, kann es sein, dass er Ihnen wegläuft.

Die ersten Tage

Wenn Ihr Welpe bei Ihnen angekommen ist, sollte ihn keine Überraschungsparty der ganzen Nachbarschaft erwarten. Gestalten Sie die ersten Tage ruhig und entspannt, damit sich Ihr neues Familienmitglied an sein neues Umfeld gewöhnen kann. Wenn Sie Kinder haben, ist es gut, wenn diese gemeinsam mit dem Einzug Ihres Welpen ein neues Spielzeug bekommen, damit nicht der komplette Fokus auf dem Hund liegt. Perfekt wären natürlich Spiele oder Bücher, die kindgerecht den Umgang mit Hunden erklären. So können sich Ihre Kinder mit dem Thema Hund beschäftigen und Ihr Welpe bekommt die Ruhe, die er braucht.

Die ersten Nächte

Ihr Welpe hat am Tag seiner Abholung alles verloren, was er bisher gekannt hat: Seine Geschwister, seine Mutter. Welpen schlafen in der Regel eng aneinander gekuschelt mit Ihren Geschwistern und diese sind ja nicht bei Ihnen mit eingezogen. Daher lassen Sie Ihr Hundekind bitte auf gar keinen Fall die ersten Nächte alleine, denn Sie haben ein kleines Baby zu Hause, das Nähe und Körperkontakt braucht und die Versicherung, dass es nicht alleine ist.

Sie können neben Ihrem Bett ein kuscheliges Körbchen für Ihren Welpen herrichten, so dass Sie jederzeit eine Hand zu ihm ausstrecken können, damit er weiß, dass er nicht alleine ist. Je mehr Kontakt Ihr Hund gerade zu Beginn bekommt, desto schneller kann er eine Bindung zu Ihnen aufbauen. Wenn es für Sie in Ord-

Im gut sortierten Handel, bekommen Sie alles, was das Welpenherz begehrt. Diese Grundausstattung sollten Sie besorgen, bevor Ihr Hundekind einzieht.

nung geht, kann Ihr Welpe auch bei Ihnen im Bett schlafen oder Sie könnten auf einer Matratze beim Welpen übernachten.

Das sollten Sie anschaffen, bevor Ihr Welpe einzieht:

▶ Ein gutsitzendes Brustgeschirr. Ich empfehle hier die sogenannten Y-Geschirre. Wenn Sie sich mit der Größe nicht sicher sind, besorgen Sie ein kleines und die nächste Größe.

▶ Eine leichte drei Meter Leine. Bitte besorgen Sie wirklich etwas Leichtes, egal wie groß Ihr Welpe später werden wird. Es ist für die Kleinen unangenehm, eine schwere Leine oder einen großen Haken am Geschirr zu haben.

▶ Zwei Wassernäpfe und einen Futternapf. Ein Wassernapf sollte in der Wohnung so stehen, dass er immer erreichbar ist, den zweiten können Sie nach draußen stellen oder dorthin, wo Ihr Welpe schläft.

▶ Verschiedenes an Spielzeug. Sie werden mit der Zeit herausfinden, welche Art Spielzeug Ihr Hund bevorzugt.

▶ Schlafplätze. Auch hier würde ich zwei verschiedene zur Verfügung stellen, z. B. ein Körbchen und ein Kissen. So kann sich Ihr Welpe entscheiden, was er lieber mag.

Stubenreinheit

So lernt Ihr Welpe, seine Geschäfte in der Natur zu verrichten.

Wenn Ihr Hundekind draußen sein Geschäft erledigt hat, warten Sie bitte ab, bis er auch wirklich fertig ist. Dann loben Sie ihn ruhig dafür, was er für ein schlauer Welpe ist. Wenn Sie schon mitten unterm Pieseln in Lobeshymnen fallen, kann es sein, dass Ihr Welpe sich so sehr darüber freut, dass er vergisst, sein Geschäft komplett zu verrichten. Und das fällt den Kleinen dann meist in der Wohnung wieder ein ...

Was, wenn doch was danebengeht?

Das ist nicht schlimm, Ihr Welpe wird trotzdem lernen, stubenrein zu werden. Schimpfen Sie nicht, so etwas passiert nie mit Absicht, sondern weil Ihr Hundekind noch nicht so lange durchhält.

Wenn Sie Ihren Welpen für etwas schimpfen, was er noch nicht steuern kann wie das Pieseln in die Wohnung, wird er nur lernen, dass es nicht sicher ist, dies zu tun, wenn Sie dabei sind. Stattdessen wird er sich beim nächsten Mal eine Ecke suchen, in der Sie ihn nicht sehen und dort sein Geschäft verrichten.

Wischen Sie das Malheur ruhig weg und benutzen Sie dabei auf keinen Fall Essigreiniger. Dieser regt Hunde eher dazu an, auf die gleiche Stelle zu pieseln. Nutzen Sie stattdessen einen Neutral- oder Enzymreiniger.

Die drei wichtigsten Zeiten

Es gibt eine Faustregel, die besagt: Nach dem Fressen, Schlafen, Spielen geht es raus. Wacht Ihr Welpe also auf oder ist fertig mit Fressen oder Spielen, gehen Sie gleich mit ihm nach draußen, denn das sind die Zeiten, zu denen er recht sicher sein Geschäft erledigen muss.

Stellen Sie sich am besten einen Wecker und gehen Sie zusätzlich alle zwei bis vier Stunden raus. Beobachten Sie Ihren Welpen gut, wenn er anfängt zu schnüffeln, um sich eine Stelle zum Pieseln oder Koten zu suchen, geht es gleich wieder raus. Wenn es zu spät ist und er schon am Pieseln ist, dann lassen Sie ihn tatsächlich am besten einfach in Ruhe und machen danach sauber.

Beim Gassigehen

Für einen Welpen ist das ganze Leben ein Abenteuer, daher kann es sein, dass er bei einem spannenden Spaziergang komplett vergisst, seine Geschäfte zu erledigen. Suchen Sie deshalb für Ihren Welpen langweilige Stellen auf und gehen Sie dort einige Meter auf und ab, bis alles erledigt ist.

Gut ist es auch, wenn es immer dieselben Stellen sind, dann gibt es dort nicht jedes Mal neue Dinge zu erkunden und Ihr Welpe weiß, was hier passiert.

Es kann aber auch sein, dass die Welt draußen viel zu spannend für Ihr Hundekind ist und dass es sich nur im Garten wohl und sicher genug fühlt. Auch das ist in Ordnung, nach und nach können Sie längere Spaziergänge machen und irgendwann wird Ihr Hund sich in der großen, weiten Welt sicher genug fühlen, um sein Geschäft auch woanders zu erledigen.

Auf einen Blick

▶ Gehen Sie nach dem Fressen, Schlafen & Spielen raus
▶ Alle zwei bis vier Stunden
▶ Beobachten Sie Ihr Hundekind gut
▶ Schimpfen Sie nicht, wenn etwas danebengegangen ist
▶ Wischen Sie das Malheur kommentarlos auf
▶ Verwenden Sie KEINEN Essigreiniger, sondern normalen Neutral- oder Enzymreiniger

Nach dem Spielen, Fressen und Schlafen müssen die meisten Welpen ihr Geschäft erledigen.

Ihr Welpe braucht gerade zu Beginn Körperkontakt. Wenn es für Sie in Ordnung geht, kann Ihr Welpe sogar bei Ihnen im Bett schlafen.

In der Nacht

Es wird immer wieder empfohlen, den kleinen Welpen in der geschlossenen Box übernachten zu lassen, damit er schneller stubenrein wird. Die Blase des Hundebabys ist noch nicht trainiert und die wenigsten schaffen es, die ganze Nacht durchzuhalten. Ihr Welpe wird aber auch nicht in seine Box pieseln wollen, da er dann den Rest der Nacht in seinem eigenen Pipi liegen muss. Wenn Sie zu tief schlafen oder Ihr Welpe sich nicht bemerkbar macht, wenn er muss, ist das eine regelrechte Quälerei für Ihr Hundekind. Kennen Sie das, wenn Sie auf der Autobahn im Stau stehen und dringend auf die Toilette müssen? Irgendwann tut die Blase richtig weh. Deshalb nutzen Sie bitte keine Box für Ihren Welpen. Meiner Meinung nach gehört kein Hundebaby in der Nacht weggeschlossen. Zumindest in den ersten Wochen braucht es nachts den Kontakt zu Ihnen.

Gehen Sie noch einmal mit dem Welpen raus, kurz bevor Sie selbst ins Bett gehen. In der Nacht können Sie sich einen Wecker stellen, ca. 4 Stunden nachdem Sie schlafen gegangen sind.

Selbst wenn in der Nacht ein Ungeschick passiert, bedeutet dies nicht, dass Ihr Hund nicht stubenrein werden wird. Es bedeutet einfach nur, dass der Kleine noch nicht durchgehalten hat und Sie es nicht mitbekommen haben.

Bitte machen Sie sich und Ihrem Welpen bei diesem Thema keinen Druck, manche Welpen brauchen ein bisschen länger und andere sind schneller. Sollte Ihr Welpe allerdings vermehrt ins Haus pieseln, obwohl er es eine Zeit lang schon richtig gut gemacht hat, könnte es an einer Blasenentzündung liegen. Ein Anzeichen dafür ist, dass Ihr Hundekind vom Kalten rein ins warme Haus kommt und gleich (viel) pieselt. In dem Fall sollten Sie dies von einem Tierarzt checken lassen. Dies kommt vor allem bei den im Winter aufwachsenden Welpen häufiger vor, da der kleine Babybauch noch nicht mit genügend Fell geschützt ist. Meist sind eher die Hündinnen betroffen, aber auch Rüden können eine Blasenentzündung bekommen.

Schnappschildkröten im Welpenfell

Beißen und Nagen in geordnete Bahnen lenken

Haifischzähne

Die Milchzähne von Welpen sind unglaublich scharf und gleichen kleinen Haifischzähnchen. Wenn diese Bekanntschaft mit unseren Händen oder Armen machen, kann das sehr schmerzhaft sein. Erst zwischen dem vierten und siebten Monat verlieren Welpen ihre Milchzähne und bekommen ihr Erwachsenengebiss. Das ist dann nicht mehr so spitz und besteht aus 42 Zähnen, das Welpengebiss besteht aus nur 28 Zähnen.

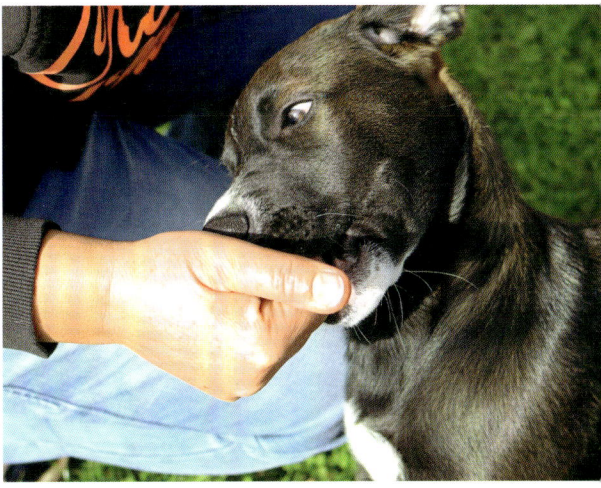

Die spitzen Welpenzähnchen können richtig weh-tun, besonders wenn Ihr Welpe überdreht ist.

Warum reagiert Ihr Hund so?

Ab der 7. Woche wird vermehrt gebissen und auch die Beißhemmung erlernt. Diese ist nicht angeboren, Welpen müssen lernen, wie fest sie zubeißen dürfen, um uns nicht wehzutun. Im Idealfall bleiben die Kleinen bis zur 10.–12. Woche bei ihren Geschwistern und üben mit ihnen die Beißhemmung, das erleichtert es uns später. Allerdings müssen sie es dann noch auf uns Menschen übertragen, denn wir sind empfindlicher als Welpen untereinander.

Alles, was wir mit unseren Händen greifen und ertasten würden, erkunden Welpen mit dem Maul und spielen auch sehr intensiv unter »Maulgebrauch«. Wenn sie dann ihre »wilden fünf Minuten« haben, kann es sein, dass sie sich vergessen und viel zu fest zuschnappen, ähnlich einem übermütigen oder auch übermüdeten Kindes, das nicht weiß, wie viel Kraft es schon hat. Es ist vollkommen normal, dass Ihr Welpe solche »Schnappanfälle« hat, und bedeutet nicht, dass er ein aggressiver Hund werden wird. Trotzdem sollte das Verhalten in für uns und den Welpen gute Bahnen gelenkt werden.

Beißen in die richtigen Bahnen lenken

Oft kündigen sich die »Schnappanfälle« an, z. B. zu bestimmten Uhrzeiten oder nach dem Gassigehen. Bevor der Welpe nun so wild wird, bieten Sie ihm etwas zum Kauen an, z. B. welpengerechte

Bieten Sie Ihrem Welpen verschieden harte Dinge zum Kauen an und finden Sie heraus, was er besonders toll findet.

Kaustangen oder einen gefüllten Kong. Kauen beruhigt, so kann er sich an der Kaustange oder am Kong »in die Ruhe kauen«. Auch ein kurzes Suchspiel kann helfen, den Erregungslevel wieder etwas herunterzufahren.

Wenn Ihr Welpe sich nicht auf andere Kauartikel oder auf ein Suchspiel einlassen möchte, versuchen Sie ihn auf ein Spielzeug umzuleiten, in das er beißen darf, anstatt Sie selbst als lebendes Spielzeug zu gebrauchen. Grundsätzlich ist es eine gute Idee, wenn Sie mit Ihrem Hund häufig mit Spielzeugen spielen. Setzen Sie sich zu Ihrem Welpen ans Körbchen und werfen Sie ihm ein Spielzeug ein kleines Stück weg. Die meisten

Welpen schleppen es dann ins Körbchen, um darauf herumzukauen. Loben und fördern Sie so ein Verhalten, das wird es Ihnen später leichter machen, Ihre kleine Schnappschildkröte im Welpenfell auf ein Spielzeug umzuleiten.

Wenn das Umleiten nicht funktioniert und Ihr Welpe sich nicht beruhigen lässt, ist er schon zu sehr überdreht und braucht eine Pause. Die lässt sich am einfachsten über ein Kindergitter herstellen. Gehen Sie einfach auf die andere Seite des Gitters, sodass Ihr Hund nicht mehr seine Zähnchen einsetzen kann, bleiben Sie aber in der Nähe! Sie können sich z. B. auf der anderen Seite des Gitters hinsetzen und warten, bis Ihr Welpe sich beruhigt hat. Meist schlafen die Kleinen nach einer kurzen Zeit ein, denn sie waren wegen Schlafmangel überdreht.

Die wilden fünf Minuten

In der Früh, am Abend oder nach dem Spazierengehen – auf einmal rennt Ihr Welpe wie ein Verrückter durchs Zimmer, über das Sofa, unterm Stuhl durch, knurrt wie wild seine Spielzeuge an und schüttelt sie und wenn Sie Pech haben, werden Sie als Kauspielzeug auserkoren und Ihr Welpe zerrt an Ihren Hosenbeinen oder schnappt in die Hände.

Die »wilden fünf Minuten« haben alle Welpen – allerdings unterscheidet sich das Ausmaß sehr. Manche rennen nur kurz durch die Wohnung, andere puschen sich extrem hoch und sind kaum mehr zu bändigen. Wichtig ist hier zu wissen, dass der Stresslevel bei den Wel-

Schuhe und andere Dinge, die Ihr Welpe nicht zerkauen darf, sollten Sie gut wegräumen, damit er gar nicht erst in die Versuchung kommt.

pen, die sehr wild werden, häufig viel zu hoch ist. In dem Fall sollten Sie überprüfen, ob Ihr junger Hund genügend Schlaf bekommt. Das sollten 16–20 Stunden am Tag sein. Manche Welpen müssen schlafen lernen, sie kommen von alleine nicht genügend zur Ruhe und dann werden sie sehr wild. Außerdem sollten Sie darauf achten, wie viel Ihr Welpe an diesem Tag schon erlebt hat und verarbeiten muss. Wir Menschen empfinden es oft als gar nicht viel, aber bedenken Sie, dass Ihr Hundekind erst seit einigen Wochen auf dieser Erde ist. Wenn Sie einen kurzen Spaziergang machen, können das sehr viele Eindrücke sein: Autos, Begegnungen mit Mensch oder Hund (und beides ist sehr spannend), neue Gerüche, neue

Gegenstände wie Mülleimer oder Fahrräder etc. Und das muss alles verarbeitet werden. Je wilder Ihr Welpe also wird, desto mehr Ruhe braucht er in der Regel und nicht umgekehrt.

Die wilden fünf Minuten
- ▶ Sind normal
- ▶ Beißt Ihr Hund zu fest: umlenken auf Spielzeug oder Suchspiel
- ▶ Auszeit durch Kindergitter, aber den Welpen nicht alleine lassen oder wegsperren
- ▶ Stresslevel checken
- ▶ Mehr Ruhezeiten einführen

Die ersten Spaziergänge

Übertreiben Sie es nicht!

Die sichere Homebase:

Wichtig ist zu wissen, dass Welpen das sichere Zuhause ungern verlassen. Also wundern Sie sich nicht, wenn der Welpe sich zu Beginn weigert, spazieren zu gehen – die Welt ist einfach noch zu aufregend und zu Hause ist es am sichersten. Probieren Sie es einfach jeden Tag. Sie können Ihren Welpen auch ein kleines Stück vom Haus wegtragen, die meisten laufen dann schon besser mit. Oder Sie fahren an einen ganz anderen Ort und gehen dort eine kleine Runde. Suchen Sie sich aber bitte gerade am Anfang ruhige Gebiete aus, damit Ihr Welpe sie ganz in Ruhe erkunden kann, ohne gleich überfordert zu sein.

Wie lange sollten Sie gehen?

Verabschieden Sie sich von der Vorstellung, dass bei Ihnen ein Welpe einzieht und Sie ab dem zweiten Tag schöne, lange Spaziergänge und Wanderungen mit ihm unternehmen werden. Auch wenn Sie sich für eine Rasse entschieden haben, die später sehr sportlich sein wird, heißt das noch nicht, dass für alle Welpen dieser Rassen das Gleiche gilt. Manche „Renner" sind als Welpen eher zaghaft unterwegs.

Es gibt die Faustregel, dass Sie pro Lebensmonat fünf Minuten spazieren gehen sollten, das können Sie zwei bis dreimal am Tag machen. Das gilt auch dann, wenn Sie nicht wirklich Strecke machen, sondern eher »spazieren stehen«. Das hängt zum einen damit zusammen, dass Ihr Welpe viele neue Eindrücke verarbeiten muss, und zum anderen, dass sein Knochenwachstum noch nicht fertig ist. Daher sollte er weder physisch noch psychisch überlastet werden.

Zumindest auf der psychischen Ebene hängt dies natürlich sehr vom Welpen ab. Es gibt sehr vorsichtige Hundekinder, die schon von einem normalen Spaziergang auf dem Feld überwältigt sind, und kleine Draufgänger, mit denen Sie durch die Fußgängerzone gehen und die die Welt einfach nur unglaublich spannend und toll finden.

Daher sollten Sie die Spaziergänge auf Ihren Welpen anpassen, aber für alle gilt: Weniger ist mehr.

Das bedeutet nicht, dass Ihr Welpe nicht spielen und toben darf, weil ansonsten seine Knochen geschädigt werden. Aber Sie sollten darauf achten, dass besonders das Spiel mit anderen Welpen nicht zu viel oder zu grob wird. Und wenn Sie einen aufregenden Tag hatten, an dem Ihr Welpe einige Spielkumpels getroffen hat und länger als geplant unterwegs war, machen Sie am nächsten Tag eine Pause, gehen Sie nur die gewohnten Gänge und lassen Sie Ihren Welpen viel schlafen, um das Erlebte zu verarbeiten.

Grundsätzlich sollten Sie Ihren Welpen beim Spazierengehen in Ruhe alles erkunden lassen. Es geht nicht darum, dass Sie in möglichst kurzer Zeit möglichst viel Strecke machen, Qualität geht vor Quantität. Je mehr Ihr Hund schnüffeln und schauen kann, desto müder und zufriedener wird er am Ende sein.

Auf einen Blick

▶ Das Zuhause ist ein sicherer Ort, von dort gehen die wenigsten Welpen gerne weg
▶ Tragen Sie Ihren Welpen, wenn nötig, das erste Stück
▶ Faustregel: pro Lebensmonat fünf Minuten spazieren gehen
▶ Viele Eindrücke müssen verarbeitet werden
▶ Qualität vor Quantität – lassen Sie Ihren Welpen schnüffeln, anstatt Strecke zu machen

Lassen Sie Ihren Welpen in Ruhe die Gegend erkunden und sich »ausgucken«. So kann er am besten die vielen Eindrücke verarbeiten.

Sozialisierung

Es gibt immer noch Zeitpläne, die Ihnen genau sagen, was Ihr Hund in welcher Lebenswoche alles können muss. Lösen Sie sich bitte davon und passen Sie die Sozialisierung an Ihren Welpen und Ihre Lebensumstände an. Natürlich ist es wichtig, dass Ihr Welpe verschiedene Situationen kennenlernt und gut sozialisiert wird. Wenn Sie viel unterwegs sind und Ihr Hund später immer bei Ihnen dabei sein soll, sollten Sie ihn in kleinen Schritten an dieses Leben heranführen.

Gehen Sie ab und zu mit ihm in die Stadt, zu Beginn aber nur zu Zeiten, an denen nicht so viel los ist und nur für eine kurze Zeit. Je nachdem, wie gut Ihr Welpe das macht, bleiben Sie das nächste Mal etwas länger oder kürzer und gehen zu Zeiten, wo etwas mehr oder weniger los ist. Organisieren Sie sich so, dass Sie zu diesen Trainingseinheiten nichts erledigen müssen. Wenn Sie Ihren Welpen an ein Café gewöhnen möchten und sich zu diesem Zweck mit Freunden dort verabredet haben, kann es für Sie und Ihren Welpen sehr anstrengend werden. Nehmen Sie sich stattdessen ein Buch mit und setzen Sie sich mit Ihrem Welpen alleine in ein Café, dann können Sie sich voll auf Ihren Hund konzentrieren und können im Notfall auch früher als geplant wieder gehen. Halten Sie solche Ausflüge am Anfang kurz und machen Sie am nächsten Tag eine Pause.

Wenn Sie auf dem Land leben und Sie Ihren Hund normalerweise nicht überall mitnehmen möchten, sollten Sie trotzdem Dinge wie Dorfbesuche oder an der Straßen gehen üben. Wenn Ihr Hund dies kann, beugt es Stress vor, falls es doch mal nötig werden sollte.

Andere Hunde treffen

Es ist sinnvoll für die Sozialisierung Ihres Welpen, wenn er andere Hunde treffen und mit ihnen interagieren kann. Allerdings gibt es den viel gerühmten Welpenschutz nicht! Es gibt zwar eine gewisse Welpen-Toleranz, aber eben auch Hunde, die Welpen nicht mögen. Gerade ältere Hunde finden es nicht besonders toll, von einem Jungspund bespielt zu werden, und zeigen dies auch deutlich.

Wenn Sie sich unsicher sind, fragen Sie den anderen Hundehalter, ob dessen Hund freundlich mit Welpen ist. Wenn dem so ist, ist es natürlich schön, wenn Ihr Welpe möglichst verschiedene Hunde jeglichen Alters und Rasse kennenlernt. In den Hundebegegnungen sollten Sie immer gut auf Ihren Welpen schauen, damit er keine negativen Erlebnisse hat. Wenn Sie das Gefühl haben, dass Ihr Hundekind unsicher ist oder Angst hat, geben Sie ihm selbstverständlich den Schutz und die Unterstützung, die er braucht. Lassen Sie sich nicht von anderen Hundehaltern einreden, dass die Hunde das schon unter sich ausmachen. Der Schuss kann gewaltig nach hinten losgehen, im besten Fall lernt Ihr Welpe, dass auf sie kein Verlass ist, im schlimmsten Fall bekommt er Angst vor anderen Hunden. Beides sollte nicht passieren.

Wenn Sie andere Hunde treffen, können Sie in die Hocke gehen, sodass Ihr Welpe zwischen Ihren Beinen Schutz suchen kann. So schaffen es die meisten, doch den Mut aufzubringen, um Kontakt mit einem anderen Hund aufzunehmen.

Von einem freundlichen, erwachsenen Hund kann sich Ihr Welpe viel abschauen und sicher im Sozialverhalten werden.

Vom Welpen zum erwachsenen Hund

Unsere Hunde durchlaufen verschiedene Phasen beim Erwachsenwerden und jede Phase bringt ihre eigenen Herausforderungen mit sich.

Welpen

Wenn der Welpe bei Ihnen einzieht, ist er in der Regel zwischen 8–12 Wochen alt. Er läuft Ihnen die meiste Zeit hinterher, beim Spazierengehen ist es kaum möglich den Abruf zu üben, weil Ihr Hundekind sich kaum von Ihnen entfernt. Es ist noch im natürlichen Folgetrieb, denn in diesem Alter kann es schlecht für einen kleinen Welpen ausgehen, wenn er den Anschluss verliert. Daher sollten Sie sich nie vor Ihrem Welpen verstecken, wenn er beim Spaziergang mal nicht auf Sie achtet oder nicht sofort kommt, denn wenn er Sie nicht gleich findet, ist die Angst groß. Er wird Sie dann zwar nicht mehr aus den Augen lassen, tut dies allerdings aus purer Panik, dass Sie wieder verschwinden, und so etwas sollte man keinem Hundekind antun. Es gibt bessere und freundlichere Trainingsmethoden, um Ihrem Hund zu erklären, dass es sich lohnt, bei Ihnen zu bleiben.

In diesem Alter lernen Welpen unglaublich schnell und Sie werden den Eindruck haben, dass Sie den schlauesten Welpen der ganzen Welt haben (haben Sie selbstver-

Welpen lernen extrem schnell. Das erste Lernplateau erreichen Sie meist mit ca. 4–4,5 Monaten.

ständlich auch!). Diese Lernkurve steigt sehr steil nach oben, bis Ihr Welpe ca. 4 Monate alt ist. Ab da kommt häufig das erste Lernplateau, d. h. das Lernen geht nicht mehr so schnell, stagniert irgendwann und mit ca. 4,5 Monaten fällt die Lernkurve ab. Wie steil dieser Abstieg ist, liegt ganz am Hund, viele Menschen haben das Gefühl, dass dies über Nacht passiert. Wichtig ist zu wissen, dass dies Phasen sind, welche vorbeigehen und zur normalen Entwicklung des Welpen gehören.

Zahnen

Zum einen liegt das Stagnieren daran, dass Ihr Hund ab dem vierten Monat ins Zahnen kommt und deshalb öfter schlecht gelaunt und unkonzentriert sein kann. Die neuen Zähne kommen, die alten fallen aus, das tut weh oder juckt zumindest stark und es kann sein, dass Ihr Welpe leicht Fieber und Durchfall bekommt. An manchen Tagen werden Sie den Eindruck haben, dass Ihr Welpe lustlos und unzufrieden in der Ecke liegt und das Leben gerade grundsätzlich doof findet.
Das Kaubedürfnis steigt stark in dieser Zeit, daher sollten Sie Ihrem Welpen möglichst viele Dinge zur Verfügung stellen, an denen er erlaubterweise kauen darf. Sehr gut eignen sich Weidenzweige, diese sind weich und beinhalten das natürliche ASS, wirken also schmerzstillend.

Fremdelphasen

Welpen und Junghunde durchlaufen verschiedene Fremdelphasen, auch „Spooky Periods" genannt. In diesen Phasen haben Sie auf einmal Angst vor Dingen, die bis jetzt vollkommen in Ordnung waren. Das kann eine Mülltonne sein oder eine Statue, die plötzlich bedrohlich wirkt. Auch manche Menschen oder Tiere können in diesen Phasen als unheimlich eingestuft und verbellt werden. Meistens wuffen die Hunde die unheimlichen Gegenstände an, springen vor und zurück und wissen nicht so richtig, ob sie sich hintrauen können. Zwingen Sie Ihren Hund auf gar keinen Fall zu den angsteinflößenden Gegenständen, sondern gehen Sie selbst hin und fassen z. B. die Mülltonne an. Alles, was Sie nicht gefährlich finden, wird Ihr Hund auch als eher ungefährlich einstufen. Loben Sie ruhig, wenn Ihr Junghund sich näher traut, und geben Sie ihm alle Zeit der Welt. Diese Phasen treten in folgendem Alter auf:
Mit 8 Wochen, diese Phase dauert ca. 10–14 Tage
Mit 4,5 Monaten, diese Phase dauert ca. 10–14 Tage
Mit ca. 9 Monaten, diese Phase dauert ca. drei Wochen
Mit ca. 1–1,5 Jahren, diese Phase dauert ca. drei Wochen

Pubertät und Adoleszenz

Die Pubertät bezeichnet die Lebensphase des Hundes bis zur Geschlechtsreife, danach spricht man von der Adoleszenz, also das Erwachsenwerden des Hundes. Beide finden ca. zwischen dem 5.–24. Monat des Hundes statt, die Übergänge sind fließend und die Dauer kann je nach Hund stark variieren. Größere Hunde und Rassen, die zu den sogenannten »Spätstartern« gehören, sind häufig erst mit drei Jahren erwachsen, kleinere Rassen durchlaufen diese Entwicklung schneller. Wie bei uns Menschen gibt es auch bei den Hunden geschlechtsspezifische Unterschiede, die Rüden brauchen in der Regel etwas länger als die Hündinnen.

Hirn wegen Umbau geschlossen

Egal, wie lange es dauert oder welcher Rasse Ihr Hund angehört, die Phasen laufen bei allen Hunden ähnlich ab, nur die Intensität kann stark variieren. Einen Tag haben Sie noch Ihren lernbegierigen kleinen Welpen an der Seite, am nächsten Morgen steht ein Junghund vor Ihnen, der keine Ahnung hat, was Sie von ihm möchten.

In dieser Phase passieren im Hundehirn einige Umbauarbeiten, die zu folgendem Verhalten führen können:

▶ Der Umkreis, in dem Ihr Hund sich bewegt, wird deutlich größer, er nabelt sich immer mehr von Ihnen ab und erkundet seine Umwelt selbstständiger.

▶ Das Lernverhalten schwankt sehr stark. An einem Tag läuft alles nahezu perfekt, am nächsten Tag kennt Ihr Hund seinen eigenen Namen nicht mehr.

Hunde in der Pubertät bringen den Menschen oft an seine Grenzen. Denken Sie immer dran: Ihr Hund kann grad nicht anders.

▶ Ihr Hund wird berührungsempfindlicher. Während der Pubertät möchten viele Hunde nicht mehr so intensiv kuscheln oder finden es auf einmal sehr unangenehm, das Geschirr zu tragen.

▶ Die Aufmerksamkeitsspanne ist deutlich herabgesetzt. Ihr Hund möchte vielleicht 1000 Dinge auf einmal machen, fängt etwas an, vergisst, was er tun wollte, und macht mit etwas ganz anderem weiter.

▶ Das Erregungsniveau steigt zügiger an, Ihr Hund schafft es jetzt deutlich schneller von 0 auf 500.

▶ Der Stresshormonlevel steigt. Während der Adoleszenz weisen Säugetiere den höchsten Stresshormonlevel auf und dies hat zur Folge, dass Ihr Hund in dieser Phase Situationen nicht mehr so gut meistern kann, die als Welpe für ihn problemlos waren.

▶ Wohl aufgrund des gestiegenen Stresslevels kaut Ihr Hund jetzt wieder deutlich mehr, er wird »maulaktiver«. Kauen und Schlecken haben eine entspannende Wirkung und helfen, wenn der Stresslevel hoch ist.

▶ Häufig werden Ressourcen wichtiger und nicht mehr so bereitwillig geteilt.

So überstehen Sie diese Zeit

Die Zeit zwischen der süßen Welpenphase und dem coolen erwachsenen Hund kann sehr anstrengend sein – für beide Seiten.

Wichtig für Sie ist, dass Sie Ihren Humor behalten. Ihr Hund hört nicht schlechter, weil er Sie ärgern möchte, ein dominanter Hund wird oder stur ist. Ihr Hund hört nicht mehr auf Sie, weil schlicht und ergreifend seine Hormone verrücktspielen und er häufig gar nicht anders kann. Ihr „PuberTier" fühlt sich auf einmal anders und nimmt seine Umwelt viel mehr und auf anderen Ebenen wahr. Und das muss verarbeitet werden.

Schalten Sie also im Training und in Ihren Ansprüchen ein paar Gänge zurück und führen Sie Ihren Hund, so gut es geht, durch diese Zeit.

Wenn er nicht mehr abrufbar ist, sichern Sie ihn über eine Schleppleine, damit nichts passieren kann. Wenn er auf der Hundewiese überfordert ist, weil dort zu viele Reize sind und es ihn jetzt stresst, mit so vielen anderen Hunden zusammenzukommen, suchen Sie sich ruhige Wege und verabreden Sie sich mit einzelnen Hundefreunden. So hat Ihr Youngster gute Kontakte, wird aber nicht überfordert.

Verzweifeln Sie selbst bitte nicht und nehmen Sie es nicht persönlich! Es wird wieder besser werden. Je freundlicher und verständnisvoller Sie in dieser Phase auf Ihren Hund schauen, umso leichter wird es gehen. Auch wenn es sich an manchen Tagen nicht so anfühlen wird.

DER TIERSCHUTZ

Die zweite Chance auf ein neues Leben

Der Tierschutzhund
Überraschungspakete auf vier Pfoten

Amigo, wuchs bei einem Alkoholiker in Bayern auf, der nicht nett mit ihm umgegangen ist, und kam mit 7 Monaten ins Tierheim. Mit 11 Monaten durfte er in sein neues Zuhause ziehen und war seinen Menschen ein Lehrmeister in vielen Dingen, bis er mit gut 11 Jahren das letzte Mal seine Augen schloss.

Ausgangssituation:

Sie wünschen sich einen Hund und haben sich dazu entschlossen, dass das neue Familienmitglied aus dem Tierschutz kommen soll? Eine Entscheidung, die ich aus vollstem Herzen unterstütze! Es gibt verschiedene Möglichkeiten, wie Sie vorgehen können.

Das örtliche Tierheim

Mit Sicherheit die einfachste und häufig auch beste Möglichkeit ist, in den umliegenden Tierheimen nach einem Hund zu suchen. Der Vorteil ist hier, dass Sie öfter hinfahren können, um Ihren neuen Gefährten in Ruhe kennenzulernen. Sie können mit ihm einige Male spazieren gehen und herausfinden, ob Sie gut zueinanderpassen.

Falls es später bei Ihnen zu Hause nicht so rund laufen sollte, haben Sie im Tierheim immer einen Ansprechpartner, der Ihnen weiterhelfen kann, da die Mitarbeiter die eigenen Hunde gut kennen.

Denken Sie daran, dass Sie in den meisten Tierheimen mittlerweile einen Ter-

Sandy, eine Griechin, der in ihrem Heimatland Zähne ausgetreten wurden. Sie kam erst auf eine Pflegestelle nach Deutschland und zog mit ca. 3,5 Jahren in ihr neues Zuhause. Trotz einiger Ängste macht sie auch nach vier Jahren noch Fortschritte und Ihren Menschen viel Freude.

blikumsverkehr, der nur darauf aus ist, sich Hunde anzuschauen, ist für die dort lebenden Tiere sehr stressig. Schauen Sie sich daher auf der Tierheim-Website um oder rufen Sie an und erklären, welche Vorstellungen Sie haben. Die Mitarbeiter können Ihnen daraufhin Vorschläge machen und Ihnen die entsprechenden Hunde bei einem Termin zeigen. Im Gespräch kann dann auch geklärt werden, welche Fragen Sie noch haben und welche Hunde welche Besonderheiten haben.

Seien Sie ehrlich mit sich selbst und auch mit den Tierheim-Mitarbeitern. Beschönigen Sie nichts, denn nur so werden Sie genau den passenden Hund für sich finden. Wenn zu dem Zeitpunkt kein passender Hund für Sie im Tierheim ist, seien Sie nicht enttäuscht. Reden Sie mit den Mitarbeitern, häufig wissen die, falls ein Hund, der für Sie passen könnte, von privat zur Vermittlung bereitsteht. Oder es wird Ihnen Bescheid gegeben, sobald ein passender Hund ins Tierheim kommt.

min vereinbaren müssen und es nicht mehr möglich ist, dort einfach hinzufahren, um »nur mal zu schauen«. Pu-

Sicherheit geht vor

Egal, für welchen Tierschutz Sie sich entscheiden, ein Qualitätsmerkmal ist, dass eine Vorkontrolle und später auch noch eine Nachkontrolle gemacht wird. Fühlen Sie sich dadurch nicht auf den Schlips getreten, die Tierschutzvereine müssen sichergehen, dass ihre Schützlinge in ein passendes Zuhause vermittelt werden. Wenn Ihr Hund dann bei Ihnen eingezogen ist, sollten Sie ihn die ersten 2–3 Monate nicht ohne Leine laufen lassen. Bei Auslandshunden empfiehlt es sich zusätzlich, diese über ein Sicherheitsgeschirr oder doppelt an Brustgeschirr und Halsband zu sichern. Wenn Tierschutzhunde entlaufen, passiert dies meistens in den ersten Tagen nach dem Einzug. Daher seien Sie lieber zu vorsichtig, dies kann das Leben Ihres Hundes retten.

Linus wuchs auf einem bayerischen Hof auf und wurde mit ca. 1 Jahr im Tierheim abgegeben. Er zog mit 1,5 Jahren bei mir ein und war mein »Buddha« in allen Lebenslagen.

Internet/ Auslandstierschutz

Wenn Sie sich für einen Hund aus dem Ausland entscheiden, den Sie vorher nicht kennenlernen können, sollten Sie sich genau erkundigen, wie gut die jeweiligen Organisationen arbeiten, denn leider gibt es auch hier einige schwarze Schafe. Sollten alle Hunde einer Organisation kinderfreundlich und mit allem und jedem verträglich sein, die Hunde aber trotzdem durch die Bank weg »traumatisiert wurden« oder »gleich aus dem Shelter geholt werden müssen, weil sie morgen getötet werden«, dann seien Sie vorsichtig. Natürlich gibt es viele Hunde aus dem Ausland, die problemlos in unseren Familien mitlaufen können. Es gibt aber genauso viele, die dies eben nicht können und tatsächlich traumatisiert sind.

Überraschungspakete auf vier Pfoten

Gerade Hunde aus dem Auslandstierschutz sind Überraschungspakete. Das muss nichts Negatives sein, Sie sollten sich aber darauf einstellen, dass Ihr Hund mindestens drei Monate braucht, um bei Ihnen anzukommen. Zu Beginn läuft meist alles reibungslos, Ihr neues Familienmitglied fügt sich ein. Nach einiger Zeit, wenn er sicherer wird, kommen neue Verhaltensweisen zum Vorschein. Vielleicht traut sich Ihr Hund jetzt mehr zu und wird mutiger. Oder der vorher sehr schüchterne Hund verbellt auf einmal fremde Menschen und klaut Ihnen das Essen vom Tisch.

Ich finde diese Reise mit einem Tierschutzhund immer besonders spannend, aber sie kann auch sehr anstrengend

Pippa (links) eine kleine Spanierin, lebte ab 2012 einige Jahre bei einem älteren Ehepaar in Deutschland, bis diese ins Heim kamen, und zog mit 10 Jahren bei mir ein. Leider war ihr nur noch ein gutes Jahr vergönnt, aber in der kurzen Zeit stellte sie mein Leben auf den Kopf.

Tommy (Mitte) sollte in Polen eingeschläfert werden, wurde gerettet und als »junger Hund, der gut alleine bleibt« vermittelt. Tatsächlich war er ca. 10 Jahre alt und konnte gar nicht alleine bleiben, fand aber das beste Zuhause, in dem er als kleiner Prinz alt werden durfte.

Kasper (rechts) wurde gemeinsam mit seiner Schwester aus einem polnischen Tierheim geholt, da die beiden den Winter dort nicht überlebt hätten. Mit ca. 13 Jahren zog er bei mir ein und zauberte jedem ein Lächeln ins Gesicht.

werden, wenn Sie nicht mit allem rechnen. Sollten Sie einen Hund aus dem Ausland adoptieren, ist Ihnen der nicht bis an sein Lebensende dankbar für die Rettung. Hunde, die schlimme Dinge erlebt haben, brauchen vor allem eines: Zeit, Geduld und die Bereitschaft Ihrerseits, das eigene Ego hintenanzustellen. Damit möchte ich Ihnen keine Angst machen, sondern nur zum Nachdenken anregen. Ich persönlich würde mir immer nur einen Hund aus dem Tierschutz holen, denn es gibt so viele, die ein Zuhause brauchen. Aber ich bin auch ehrlich zu mir selbst und schaue genau, welcher Hund mit welchem Hintergrund zu mir und meiner Lebenssituation passt. Nehmen Sie sich Zeit. Sie werden es wissen, wenn Sie den oder die Richtige gefunden haben!

Auf einen Blick

▶ Vorkontrollen sind richtig & wichtig

▶ Hunde vor Ort können besucht werden

▶ Gehen Sie öfter spazieren, dann sehen Sie, ob die Chemie stimmt

▶ Bei Hunden aus dem Ausland: rechnen Sie mit einem Überraschungspaket

▶ Die ersten 2–3 Monate bleibt Ihr Hund an der Leine

▶ Eventuell Sicherheitsgeschirr verwenden

Bildnachweis

Alle Bilder von Anja Petrick, außer Umschlag vorne innen: antje2810-stock.adobe.com; S.7 artemrybchak/Shutter-stock; S. 8: 1stGallery/Shutterstock; S. 9: Three Dogs photography/Shutterstock; S. 26: SasaStock/Shutterstock; S. 27: Anna Tronova/Shutterstock; S. 34: mongione/Shutterstock; S. 44: Will Rodrigues/Shutterstock; S. 49: Muk Photo/Shutterstock; S. 52 smrm1977/Shutterstock; S. 57: Phil Stev/Shutterstock; S. 59 An-13-nA/Shutterstock; S. 60: Sandra-stock.adobe.com; S. 61 Helioscribe/Shutterstock; S. 65: Petra Fiedler-stock.adobe.com; S. 73: Dora Zett/Shutterstock; S. 88: antje2810-stock.adobe.com; S. 89: Anetlanda/Shutterstock; S. 98: solarseven/Shuttersock; S. 99: Jana D.-stock.adobe.com; S. 104: Monika Vosahlova/Shutterstock; S. 105: Dusko-stock.adobe.com; S. 108: Africa Studio/Shutterstock; S. 109: pepperarts-stock.adobe.com; S. 110: JustLife-stock.adobe.com; S. 122: Talitha-stock.adobe.com; S. 128: Pumbastyle/Shutterstock; Umschlag hinten außen: BR Fernsehen

Impressum:

Umschlaggestaltung von Sybille Schug.

Alle Angaben in diesem Buch erfolgen nach bestem Wissen und Gewissen. Sorgfalt bei der Umsetzung ist indes dennoch geboten. Der Verlag und der Autor übernehmen keinerlei Haftung für Personen-, Sach- oder Vermögens-schäden, die aus der Anwendung der vorgestellten Materialien, Methoden oder Informationen entstehen könnten.

Gedruckt auf chlorfrei gebleichtem Papier

© 2021, MünchenVerlag, ein Imprint der Langen Müller Verlag GmbH
Alle Rechte vorbehalten
ISBN 978-3-7630-4064-3
Lizenziert durch die BRmedia Service GmbH
Redaktionsleitung BR Fernsehen / „Wir in Bayern": Wolfgang Preuss
Redakteur BR Fernsehen / „Wir in Bayern": Christof Diehl
Projektleitung BR Fernsehen / „Wir in Bayern": Max Bildhauer, Rolf Strobach
Projektleitung Verlag: Christoph Aicher
Redaktion: Christoph Aicher, Christine Paxmann
Gestaltung und Satz: Ulrike Vohla, grafikdesign storch, Rosenheim
Produktion: Eva Schmidt
Druck und Bindung: Westermann Druck Zwickau GmbH, Zwickau
Printed in Germany